机械图识读从入门到精通

樊宁　何培英　编著

U0296657

 化学工业出版社

·北京·

图书在版编目（CIP）数据

机械图识读从入门到精通 / 樊宁，何培英编著. —北京：
化学工业出版社，2018.8（2024.3重印）
ISBN 978-7-122-32335-4

Ⅰ.①机…　Ⅱ.①樊…　②何…　Ⅲ.①机械图 - 识图
Ⅳ.①TH126.1

中国版本图书馆 CIP 数据核字（2018）第 120188 号

责任编辑：贾　娜
责任校对：王素芹　　　　　　　　　　装帧设计：王晓宇

出版发行：化学工业出版社（北京市东城区青年湖南街 13 号　邮政编码 100011）
印　　装：北京科印技术咨询服务有限公司数码印刷分部
787mm×1092mm　1/16　印张 14　字数 369 千字　2024 年 3 月北京第 1 版第 10 次印刷

购书咨询：010-64518888　　　　　　　售后服务：010-64518899
网　　址：http://www.cip.com.cn
凡购买本书，如有缺损质量问题，本社销售中心负责调换。

定　　价：68.00 元　　　　　　　　　　　　　　　　版权所有　违者必究

前言
Preface

　　图样是工程界的技术语言，是表达和交流技术思想的重要工具，也是工程技术部门的一项重要技术文件。机械图样按规定的方法表达出了机器（部件）、零件的形状、大小、材料和技术要求，熟练识读机械图样是机械行业从业人员的一项基本技能。随着机械行业的迅速发展，从事机械设计行业的人员和开设机械制图课程的高校越来越多，而初学者识读机械图样往往感到很困难，不知该如何下手。为了帮助读者掌握正确的机械工程图识读方法，提高机械识图能力，我们编写了本书。

　　本书以满足机械工程从业人员实际工作需要为目的，主要介绍机械图样识读的有关知识和方法，重点突出学用结合，可使读者快速读懂机械零部件的形状和各种符号、代号的含义。

　　本书具有以下特点。

　　1. 突出以图讲图的特色

　　书中尽量采用以图说图的形式介绍基本概念和读图方法，直观形象。书中附有大量的插图，文字简洁，通俗易懂。本书应用计算机 3D 建模技术，将机械产品图样采用二维、三维同时表达，使得难以阅读的工程图样变得易读易懂。

　　2. 突出实用性

　　读图是把设计者的设计思想转变成产品过程中的一个重要环节，在这个过程中，图样起着交流设计思想的作用。本书所举实例充分考虑到学用结合，以工程实例为主，其内容涉及机械工程的各个方面，所举图例具有参考示范作用，可举一反三。

　　3. 突出完整性

　　本书列举了常见机械零件的读图方法。包括轴套类零件、轮盘类零件、叉架类零件、箱体类零件以及圆柱齿轮、圆锥齿轮、蜗轮蜗杆、弹簧、轴承、标准件、钣金件、焊接零件的读图，还介绍了机械图样中常用的各种符号、代号的含义，基本能够满足工程技术人员在制造、检验、使用过程中的看图需要。

4. 突出方便性和直观性

本书配有完整的手机扫码视频和模型，读者可以随时随地通过手机观看学习。直观的视频为读者展现了机械识图的各个过程；.x_t 文件格式的三维模型可在出版社网站 www.cip.com.cn 中"资源下载"区下载，下载后可通过 Sview 浏览器观看零部件的形状、结构、装配关系和工作原理；可以交互式操作拆装、剖切和演示爆炸图等，使读者一目了然，真正达到速成的目的。

5. 突出前瞻性和延续性

书中采用了最新的国家标准，对新旧国标的异同作了对比。

6. 提出读图方法

首次提出了"三＋三步法"读图，从而实现快速识读各种视图。

7. 可供读者自己检验学习效果

每个知识点后都附有一定量的思考题，供读者测试自学结果，书末附有参考答案。

本书由郑州工业应用技术学院樊宁、郑州轻工业学院何培英编著，在撰写过程中，得到了各界同仁和朋友的大力支持、鼓励与帮助，在此表示衷心的感谢。

由于我们水平及经验所限，书中不妥之处在所难免，恳请广大读者和专家批评指正。

编著者

目录
Contents

第 1 章
认识机械图样
001 ————————————

第 2 章
识读机械图样的基本知识
007 ————————————

第 3 章
机械图的基本表达形式

056

第 4 章
零件图的识读

第 5 章
装配图的识读
157 ——————————

第1章　认识机械图样

　　一台机器（或设备）是由若干零部件组成的。如一套供水系统是由储水箱、连接水管、球阀和水龙头等组成，如图1-1所示。反映这个机器或设备的图纸称为总（部件）装配图。球阀是这个供水系统的一个部件，由15种零件组成，如图1-2所示；反映这个球阀的图纸称为部件装配图，如图1-3所示。组成机器或部件的不可分拆的单个制件，也是机器的基本单元称为零件，反映某个零件的图纸称为零件图，如图1-4所示。

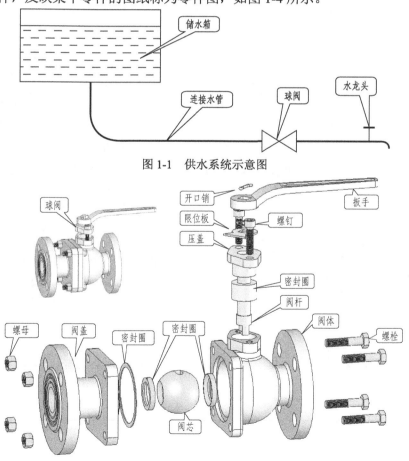

图1-1　供水系统示意图

图1-2　球阀及爆炸图

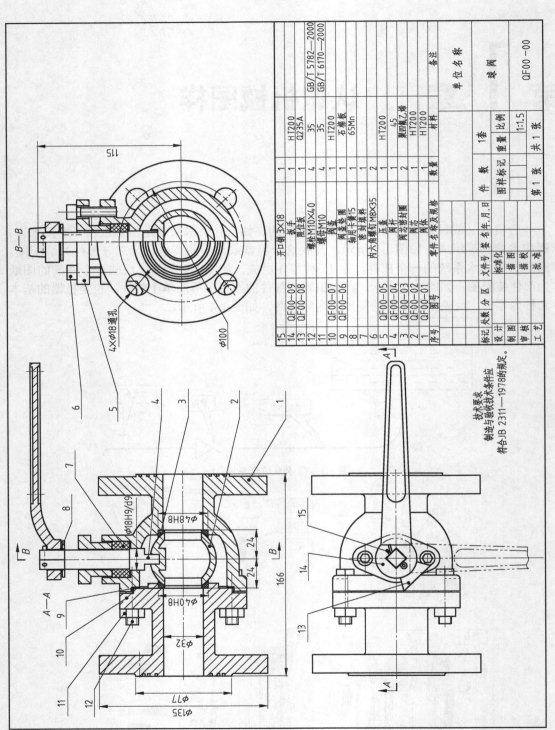

技术要求
制造与验收技术条件应
符合JB 2311—1978的规定。

序号	图号	零件名称及规格	件数	材料	备注
15	QF00-09	开口销 3×18	1		GB/T 5782—2000
14	QF00-08	扳手	1	HT200	
13		定位板	1	Q235A	
12		螺栓 M10×40	4	35	GB/T 6170—2000
11		螺母 M10	4	35	
10	QF00-07	阀盖	1	HT200	
9	QF00-06	调整垫圈	1	石棉板	
8		轴用卡簧15	1	65Mn	
7		密封填料	2		
6	QF00-05	内六角螺钉 M8×35	2		
5	QF00-04	压盖	1	HT200	
4	QF00-03	阀杆	1	45	
3	QF00-02	阀芯密封圈	2	聚四氟乙烯	
2	QF00-01	阀芯	1	HT200	
1		阀体	1	HT200	

单位名称	球阀		QF00—00
图样标记	比例 1:1.5	重量	共 1 张
	第 1 张		

图 1-3　球阀装配图

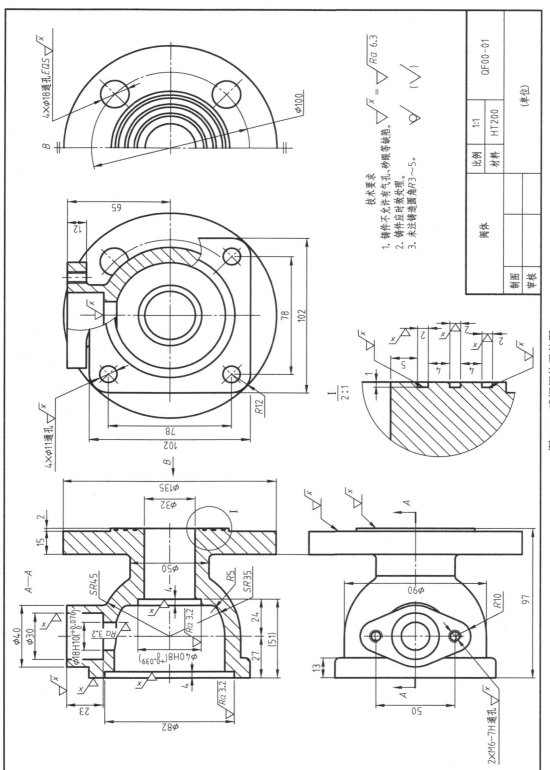

图 1-4　球阀阀体零件图

在工程实践中，先将零件组装成部件，然后再将这些部件组装成机器或设备。无论是设计、制造、安装还是使用机器设备，都离不开各种机械图样。机械图样是设计、制造、检测、安装和使用过程中不可或缺的技术文件。学会看懂和绘制各种常用的机械图样是机械行业技术人员的基本功。本章首先认识一下工程中常用的机械图样。

1.1　机械零件及零件图样

1.1.1　机械零件

机械零件是组成机器或设备的基本单元。在日常生活和工程实践中会用到或看到各种各样的机械设备，无论哪种类型的机器，都是由若干零件组装而成的，因此零件是构成机器的基本单元。零件的形状、大小、材料和内、外在质量，是由零件在机器中所承担的任务和所起的作用决定的。

例如：球阀是由四条螺栓将阀体和阀盖连接在一起，它承担连接阀体和阀盖的作用；扳手通过阀杆带动阀芯一起转动，使球阀开启或关闭，阀杆承担着将扳手输入的动力传递给阀芯的作用；密封圈起防止漏水的作用。每个零件担负着不同的作用，把它们组装在一起，完成一个共同的任务，使水流开启或关闭，如图 1-2 所示。

1.1.2　零件图样

零件图样是由设计人员按照机器的使用目的和使用条件，通过设计计算、确定结构、形状、大小和材料后，绘制成零件图样，再由技术工人加工、制造、检测、组装成机器。

零件图样是加工零件的技术依据，是设计部门交给生产部门的技术文件。设计者根据机器对零件的要求，设计出符合使用要求的零件，并用零件图样的形式表达出来，生产部门按照设计部门提供的图样进行制造、加工和检验，设计部门和生产部门是通过机械图样进行交流的。所以说，机械图样是工程界交流的语言和工具，是不可替代的技术文件。学会阅读和绘制机械图样是每个从事机械行业的技术人员必备的技能。

图 1-4 是球阀阀体的零件图样，从图中可以看出零件图样应具有的内容。

零件图样应包含以下内容：零件的名称、数量、材料、结构形状、大小、加工方法、内外在质量等。归纳起来应包含四个方面的内容：一组视图、完整的尺寸、技术要求、标题栏。

（1）一组视图

一组视图是用来表达零件形状和结构的，包括视图、剖视图、断面图等。

（2）完整的尺寸

完整的尺寸是用来确定零件各部分形状结构大小的，包括定形尺寸、定位尺寸和总体尺寸等。

（3）技术要求

技术要求是用来确定零件内外在质量的，包括尺寸公差、表面粗糙度、几何公差、热处理和涂镀等信息。

（4）标题栏

标题栏中需要填写零件的名称、数量、材料、质量、比例、设计单位和设计者等信息。

阀体的结构形状是用多个视图来表达的，采用了视图和剖视图来表达阀体的外形和内部结构。这些视图是怎么画出来的呢？怎样看懂这些图样，这是本书要重点学习的内容之一。

零件尺寸的大小，要按一定要求用数字标注在图样上。在有些尺寸数字的后面带有正、负和小数或零，这是对零件加工尺寸的精度要求。

此外，在图上还有 $\sqrt{}$、$\sqrt{}$ 等表面粗糙度符号，这是控制零件表面加工质量的要求。还有一些加工的技术要求是用图形、符号表示的，或用文字写在标题栏的上方。

图样的右下角是标题栏，也代表图样看图的方向。记载着零件的名称、材料、比例等。1∶1 是比例，表示该图形与实物线性尺寸之比，即所画图形的线性尺寸与实物的线性尺寸相同。除此之外，图样中还记载着设计单位和设计人员等信息。

1.2　机械部件及部件图样

1.2.1　机械部件

机械部件是由若干零件组装而成，在整个机器中起一定独立作用的零件组，如球阀。它本身就是一个部件，它还可以与其他零件和部件组装成更大的部件，如供水系统。球阀部件及爆炸图如图 1-2 所示。

1.2.2　部件图样——装配图

表达部件的图样称为部件装配图。装配图用来表达机器或部件的构造、性能、工作原理、各组成零件之间的装配关系、连接方式，以及主要零件的结构形状。

在机器制造过程中，需要按照装配图所表达的内容、装配关系和技术要求，把零件组装成部件或机器。在使用机器设备时，通过阅读装配图来了解机器或部件的功用，从而正确地使用机器或设备，并进行保养和维修，图 1-3 是球阀的装配图。

一张完整的装配图应包含以下内容：一组视图、必要的尺寸、技术要求和标题栏、明细表等。

（1）一组视图

一组视图用来表明机器或部件的工作原理、结构形状、相对位置、装配关系、连接方式和主要零件的形状。

（2）必要的尺寸

在装配图中应标注性能规格尺寸、配合尺寸、安装尺寸、总体尺寸和一些重要尺寸。与以上内容无关的尺寸不需要标注。

（3）技术要求

技术要求是说明装配、调试、检验、安装、使用和维修等要求，无法在图中表示时，可以在明细表的上方或左侧用文字加以说明。

（4）零件序号、明细表和标题栏

在装配图中，每一种零件都有一个编号，在明细表中列出该零件的名称、数量、材料和质量等信息，标题栏中需要填写部件的名称、数量、比例、设计单位和设计者等内容。

图 1-3 是一个球阀的装配图。从图 1-3 可以看到装配图的内容和零件图既有相同之处，又有不同之处，这是由它们各自功用不同而决定的。

零件图的功用主要是加工这个零件使用的图纸；装配图的功用是将加工好的零件按照装配图中的要求组装在一起。

相同之处是各自都有一组视图，都要标注尺寸，也都有技术要求和标题栏等内容。不同的是两种图样的视图表达目的不同，零件图通过图样表示单个零件的结构形状，而装配图是通过图样表示装配体各组成零件的配合、安装关系、连接方式和主要零件的形状；另外尺寸标注要求、技术要求也各不相同。从图中还可看出，在装配图上除已叙述的各项内容外，有别于零件图的就是在标题栏的上方有标明零件序号、规格名称、数量及材料等的明细表，在图中有零件序号及指引线。

认识机械零件和
零件图

1.3   阅读机械图样应具备的基本知识

从前两节介绍的机械图样内容可以知道，阅读机械图样必须具有以下 3 个方面的基本知识。

① 掌握正投影法的基本原理及各种图样的表达方法及画法。

② 掌握机械零件加工制造的工艺知识和机械部件装配工艺的知识。

③ 掌握机械设计和制图国家标准方面的知识。

【练习 1-1】 阅读如图 1-5 所示是何种零件或部件。

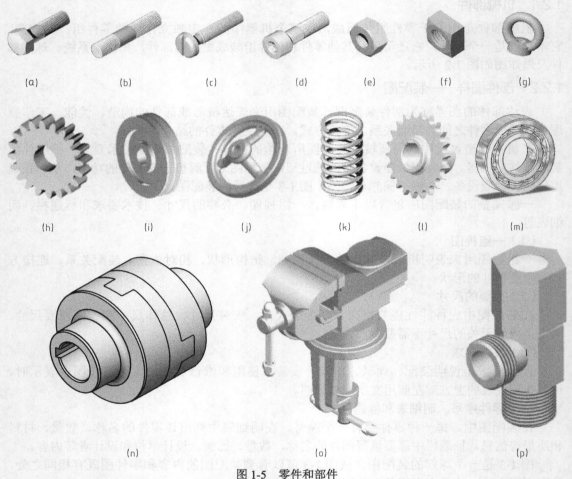

(a)	(b)	(c)	(d)	(e)	(f)	(g)
(h)	(i)	(j)	(k)	(l)		(m)
(n)		(o)			(p)	

图 1-5   零件和部件

第2章 识读机械图样的基本知识

（1）图样的产生及用途

图样是怎样产生的，大多数人回答是画的，没错，是画的。怎样画、为什么这样画，可能就回答不出来了，这需要诸如外观、结构、力学性能、材料、使用寿命、使用安全、产品的经济性等很多方面的知识，很难用一句话来描述。

图样的用途可以用一句话来描述，是机械行业交流思想的"语言"（或媒介）。即设计者设计的产品通过图样表达出来，制造者通过看图制造出设计者设计的产品，使用者通过看图了解产品的性能和使用方法，三者之间连接的桥梁就是机械图样。所以说，图样是工程界的"语言"，是交流思想的工具，不可或缺。

（2）为什么没有学过的人看不懂图样

以一个正六面体为例来说明看图的过程。当你正对着六面体的一个面看这个六面体时，你看到的只是一个正方形，如图2-1（a）所示；当把六面体水平旋转一定的角度，你能看到两个平面，如图2-1（b）所示；当把六面体再垂直旋转一定的角度，你能看到六面体的三个平面，如图2-1（c）所示。这时看到的六面体具有立体感，所画的图形称为立体图。如果在每个平面上开一个不同形状的孔，这时看到的方孔变成菱形孔，圆孔变成了椭圆，如图2-1（d）所示。

  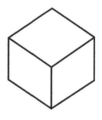 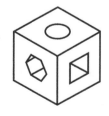

(a) 正对六面体　　　　　(b) 水平旋转一个角度　　　　　(c) 垂直再旋转一个角度　　　　　(d) 三个面上各开一个孔

图2-1　正六面体

这种图的优点是直观性很强，学过和没学过的人一般都能看懂。其缺点是画图困难（圆变成椭圆），如果物体（零件）很复杂，画起来就更困难；另一个问题是，除了形状以外，还要确定物体的大小（标注尺寸），在这种立体图中标注尺寸也很困难，这种图在机械图样中很少使用。机械行业使用的图样是常说的三视图，这种图没有学过机械制图的人一般是看不懂的。

正六面体的三视图如图 2-2（a）所示。图中左上角的视图称为主视图，是从前向后看得到的；主视图下面的视图称为俯视图，是从上向下看得到的；主视图右面的视图称为左视图，是从左向右看得到的。物体在空间不动，通过三个不同的方向看物体，在读图者的脑子里合成物体的形状，如图 2-2（b）所示，这也是看图的难点。

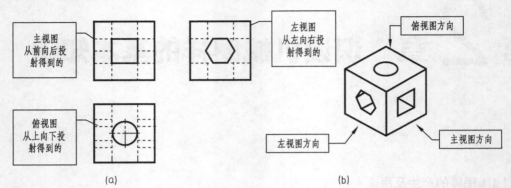

（a）   （b）

图 2-2　正六面体的三视图

图样的产生
及用途

（3）三视图的优、缺点

三视图的优点是画图简单，标注尺寸方便；缺点也是显而易见的，看图困难，没有学过机械制图的人看不懂图样。所以要想看懂机械图样，有必要知道机械图样形成的一些基本知识。

2.1　投影的基本知识

2.1.1　投影概念和正投影法

日常生活中到处可以看到影子，如灯光下的物影、阳光下的人影等，这些都是自然界的一种投影现象。在工业生产发展的过程中，为了解决工程图样的问题，人们将影子与物体的关系经过几何抽象形成了"投影法"。

（1）投影的形成

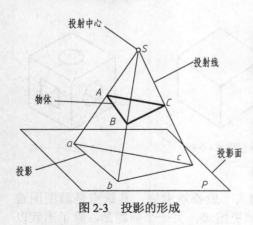

图 2-3　投影的形成

当一束光线照射在物体上，在预设的平面（投影面）上就会产生空间物体的"影子"，用这种方法绘制出被投影物体图形的方法称为投影法。投影是投射线通过物体向投影面投射，在该投影面上得到的图形，如图 2-3 所示。

投影四要素：投射中心（S）投出投射线（SA）、物体（$\triangle ABC$）、投影面（P）和投影（$\triangle abc$），如图 2-3 所示。

（2）投影法的种类

中心投影法：投射线相交于投射中心，如图 2-3 所示。

平行投影法：投射中心移至无限远时，投射线相互平行。

平行投影法又分为正投影和斜投影，正投影是投射线垂直投影面，如图 2-4（a）所示。斜投影是投射线倾斜投影面，如图 2-4（b）所示。

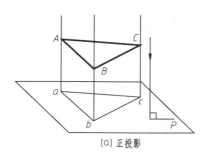 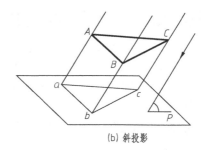

图 2-4　平行投影

　　由于正投影法在投影图上易表达物体的形状和大小，作图也比较方便，因此在机械制图中得到广泛的应用。

2.1.2　正投影的投影特性

（1）实形性

　　直线或平面与投影面平行时，投影为实长或实形，如图 2-5（a）所示直线 *AB*、平面 *P*。

（2）积聚性

　　直线与投影面垂直时，投影积聚为一点；平面与投影面垂直时，投影积聚为直线，如图 2-5（b）所示直线 *CD*、平面 *Q*。

（3）类似性

　　倾斜于投影面的直线或平面，其投影仍为直线或平面，如图 2-5（c）所示直线 *MN*、平面 R。

（4）等比性

　　一直线上的两线段长度之比与该直线投影后的两段长度之比相等，如图 2-5（d）所示，直线 $AE/EB=ae/eb$。

（5）平行性

　　物体上相互平行的两直线或平面其投影仍互相平行，如图 2-5（d）所示平面 *T*、平面 *S*。

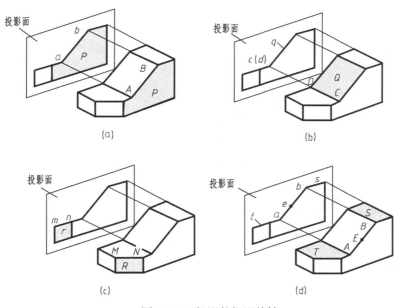

图 2-5　正投影的投影特性

投影的基础
知识

2.2　识读图样的基本知识——国标的有关规定

国家标准对图样中的图纸幅面、比例、字体、图线、尺寸标注等做出了规定，供从事机械行业的各类人员共同遵守，便于交流，本节重点讲述这些规定。

国家标准简称"国标"，代号"GB"，本节摘录了有关《机械制图》和《技术制图》国家标准的基本规定。

2.2.1　图纸幅面和格式（摘自 GB/T 14689—2008）[1]

（1）图纸幅面

图纸幅面是指图纸宽度与长度组成的图面，绘制工程图样时，应优先采用表 2-1 中规定的基本幅面，基本幅面有五种，代号 A0、A1、A2、A3、A4。必要时可以按规定加长图纸的幅面，加长幅面的尺寸由基本幅面的短边成整数倍增加。

表 2-1　图纸幅面及图框格式尺寸　　　　　　　　　　　mm

幅面代号		A0	A1	A2	A3	A4
幅面尺寸 $B \times L$		841×1189	594×841	420×594	297×420	210×297
图框尺寸	e	20			10	
	c	10			5	
	a	25				

（2）图框格式

在图纸上，必须用粗实线画出图框来限定绘图区域，其格式分为留有装订边和不留装订边两种，同一产品的图样只能采用一种格式。留有装订边图纸的图框格式如图 2-6 所示，周边尺寸 a、c 见表 2-1，不留装订边的图纸，其图框线距图纸边界的距离 e 相等，尺寸见表 2-1。

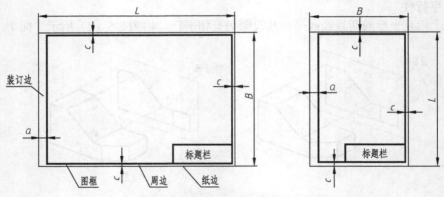

图 2-6　留有装订边图纸的图框格式

（3）标题栏方位及格式

图纸既可以横放也可以竖放。每张图纸上都必须画出标题栏，其位置应处于图框右下角，标题栏中文字方向为看图方向，如图 2-6 所示。其格式和尺寸按国家标准（GB/T 10609.1—2008）规定绘制，如图 2-7（a）所示。另外，各设计生产单位也常采用自制的简易标题栏，如图 2-7（b）所示。

---

[1] GB/T 表示推荐性国家标准，14689 为标准顺序号，2008 为颁布和修订标准的年份。

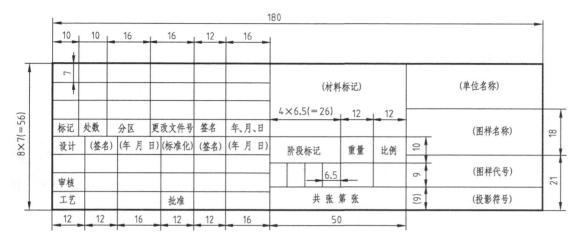

(a) 国标规定的标题栏格式

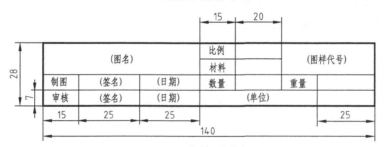

(b) 简易标题栏格式

图 2-7　标题栏格式

图纸幅面和格式

2.2.2　比例（GB/T 14690—1993）

图中图形与其实物相应要素的线性尺寸之比称为比例。

比例分为原值、放大和缩小三种，绘图时根据需要按表 2-2 中所列的比例选用。绘制同一机件的各个图形一般应采用相同的比例，并在标题栏的"比例"栏内填写，如"1：1"、"2：1"等。当某个图形需要采用不同的比例时，必须按规定另行标注。

表 2-2　标准比例系列

种类	优先选用	允许选用
原值比例	1：1	4：1　2.5：1
放大比例	2：1　5：1 $2×10^n$：1　$5×10^n$：1　$1×10^n$：1	$4×10^n$：1　$2.5×10^n$：1
缩小比例	1：2　1：5　1：$1×10^n$ 1：$2×10^n$　1：$5×10^n$	1：1.5　1：2.5　1：3　1：4　1：6 1：$1.5×10^n$　1：$2.5×10^n$　1：$3×10^n$ 1：$4×10^n$　1：$6×10^n$

注：n 为正整数。

为使图形更好地反映机件实际大小的真实概念，绘图时应尽量采用 1：1 比例。如不宜采用 1：1 的比例时，可选用放大或缩小的比例，如图 2-8 所示。无论采用何种比例绘图，图上所注尺寸一律按机件的实际大小标注。

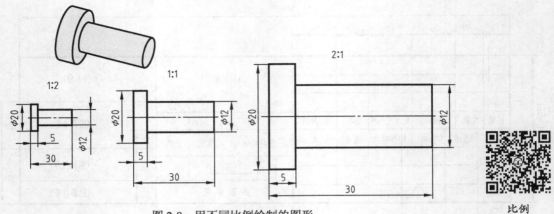

图 2-8　用不同比例绘制的图形

比例

2.2.3　字体（GB/T 14691—1993）

（1）图样中字体的基本要求

① 书写的字体必须做到：字体工整、笔画清楚、间隔均匀、排列整齐。

② 字体高度（用 h 表示）的公称尺寸系列为：1.8mm、2.5mm、3.5mm、5mm、7mm、10mm、14mm、20mm。若有需要，字高可按 $\sqrt{2}$ 的比率递增，字体高度代表字体的号数。

③ 汉字应写成长仿宋体，其高度 h 不小于 3.5mm，字宽一般为 $h/\sqrt{2}$，并应采用国家正式公布推行的简化汉字。

④ 字母和数字分 A 型和 B 型，A 型字体的笔画宽度（d）为字高（h）的 1/14，B 型字体笔画宽度为字高的 1/10，在同一图样上，只允许选用一种形式的字体。

⑤ 字母和数字可写成斜体和直体。斜体字字头向右倾斜，与水平线成 75°。

⑥ 汉字、拉丁字母、数字等组合书写时，其排列格式和间距都应符合标准规定。

（2）常用字体示例

① 汉字：如图 2-9 所示。

字体工整　笔画清楚　间隔均匀　排列整齐

横平竖直　注意起落　结构均匀　填满方格

图 2-9　长仿宋体汉字示例

② 数字和字母：如图 2-10 所示。

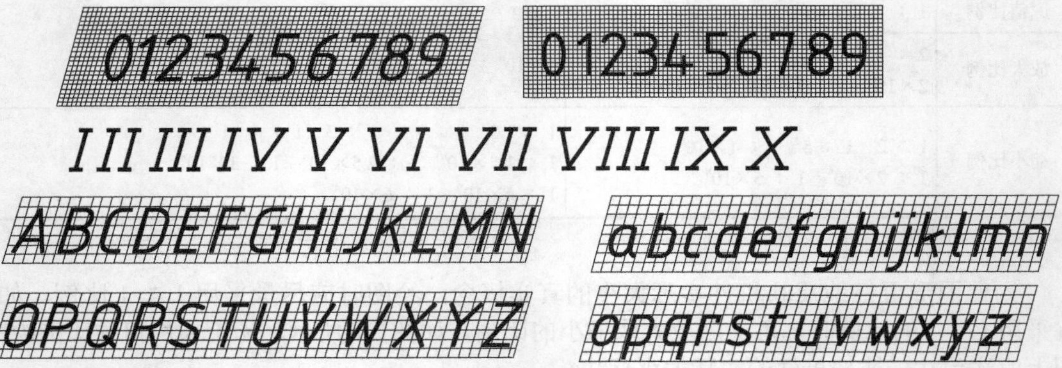

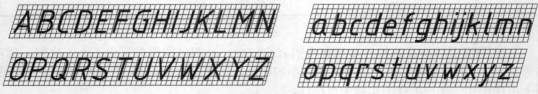

图 2-10　数字和字母示例

③ 分数、指数和注脚等数字及字母，应采用小一号的字体，如图 2-11 所示。

$$10^3 \quad S^{-1} \quad D_1 \quad T_d \quad \phi 20^{+0.010}_{-0.023} \quad 7^{\circ +1^{\circ}}_{-2^{\circ}} \quad \frac{3}{5}$$

图 2-11　字体组合示例

字体

2.2.4　图线（GB/T 17450—1998、GB/T 4457.4—2002）

（1）图线的形式及应用

常用图线的名称、形式以及在图上的一般应用如表 2-3 所示，图 2-12 为图线的应用举例。

表 2-3　机械图样中常用图线

图线名称	图线形式	图线宽度	应用举例
粗实线		粗	可见轮廓线
细实线		细	尺寸线，尺寸界限，剖面线，重合断面的轮廓线，引出线，可见过渡线
波浪线		细	断裂处的边界线，视图和剖视的分界线
双折线		细	断裂处的边界线
细虚线	2~6　=1	细	不可见轮廓线，不可见过渡线
细点画线	15~20　=3	细	轴线，对称中心线
粗点画线	=15　=3	粗	有特殊要求的线或表面的表示线
细双点画线	=20　=5	细	相邻辅助零件的轮廓线，极限位置的轮廓线，假想投影轮廓线，中心线

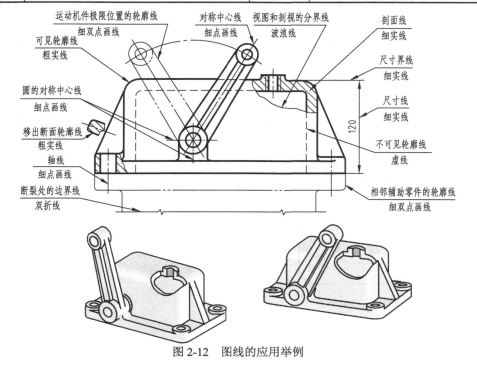

图 2-12　图线的应用举例

（2）图线的宽度

机械图样一般采用粗、细两种，宽度比例为 2 : 1。所有线型的图线宽度 d 应按图样的类型、图的大小和复杂程度在数系 0.25mm、0.35mm、0.5mm、0.7mm、1mm、1.4mm、2mm 中选择。

（3）图线画法

① 在同一图样中同类图线的宽度应基本一致。同一条虚线、点画线和双点画线中的点、画、长画和短间隔的长度应各自大致相等。

② 点画线和双点画线的首尾两端应是长画而不是点。画圆的对称中心线（细点画线）时，点画线两端应超出圆弧或相应图形 2 ～ 5mm，圆心应为长画的交点。在较小的图中画点画线或双点画线有困难时，可用细实线代替，如图 2-13（a）和图 2-13（b）所示。

③ 当图线相交时，应是线段相交。当虚线在粗实线的延长线上时，在虚线和粗实线的分界点处，应留出间隙，如图 2-13（c）所示。

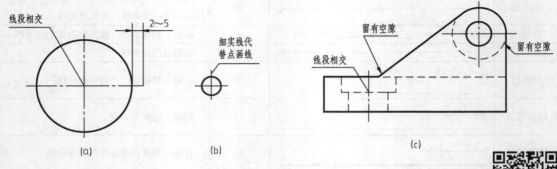

图 2-13　图线画法举例

图线

2.2.5　尺寸标注的一般规定

（1）基本规则

① 机件的真实大小应以图样上所注的尺寸数值为依据，与图形的大小及绘图的准确度无关。

② 图样中（包括技术要求和其他说明）的尺寸，以 mm 为单位时，不需标注单位符号（或名称），若采用其他单位，则应注明相应的单位符号。

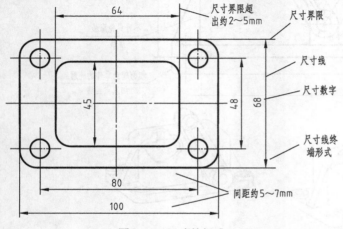

图 2-14　尺寸的组成

③ 图样中所标注的尺寸，为该图样所示机件的最后完工尺寸，否则应另加说明。

④ 机件的每一尺寸，一般只标注一次，并应标注在反映该结构最清晰的图形上。

（2）尺寸的组成

一个完整的尺寸应由尺寸界线、尺寸线和尺寸数字组成，其相互间的关系如图 2-14 所示。

① 尺寸界线。尺寸界线表示尺寸的度量范围，用细实线绘制。一般由图形的轮廓线、轴

线、对称中心线引出，也可利用轮廓线、轴线、对称中心线作为尺寸界线。尺寸界限应超出尺寸线约 2 ～ 5mm，如图 2-14 所示。尺寸界线一般与尺寸线垂直，在光滑过渡处标注尺寸时，必须用细实线将轮廓线延长，从它们的交点处引出尺寸界线，如图 2-15 所示。

　　② 尺寸线。尺寸线表示尺寸的度量方向，用细实线绘制，终端可以有两种形式：箭头或斜线，如图 2-16 所示，机械图样中一般采用箭头。

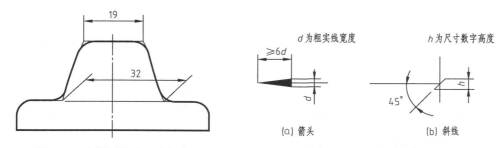

图 2-15　光滑过渡处尺寸标注　　　　　　图 2-16　尺寸线终端形式

　　画尺寸线时注意：尺寸线必须单独画出，不允许与其他任何图线重合或画在其延长线上，也不能用任何图线代替，尽量避免尺寸线与尺寸界线相交，如图 2-17（a）所示。标注角度尺寸时，尺寸线为圆弧，圆心为角顶点，如图 2-17（b）和图 2-17（d）所示。同一张图纸中，只采用一种终端形式，只有狭小部位允许用圆点或斜线代替，如图 2-17（c）所示。

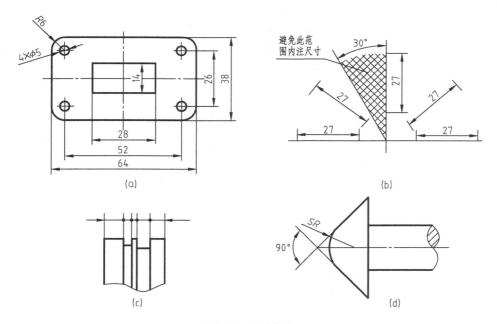

图 2-17　尺寸标注

　　③ 尺寸数字。

　　位置：一般写在尺寸线上方或中断处（同一张图纸中用一种形式），特殊情况下可标注在尺寸线延长线上或引出标注。

　　字头方向：水平尺寸数字朝上，垂直尺寸数字朝左，倾斜时尺寸数字垂直尺寸线且字头趋于向上。避免在 30° 内注写尺寸数值，如图 2-17（b）所示；若不可避免，则引出标注。角度数值一律水平注写，且写在尺寸线中断处，如图 2-17（b）和图 2-17（d）所示。

（3）尺寸符号

表 2-4 表示不同类型的尺寸符号。

表 2-4　尺寸符号

符号	含义	符号	含义
ϕ	直径	t	厚度
R	半径	⌄	埋头孔
S	球	⊔	沉孔或锪平
EQS	均布	↓	深度
C	45°倒角	□	正方形
∠	斜度	▷	锥度

（4）尺寸标注示例

常用的尺寸标注示例见表 2-5。

表 2-5　尺寸标注示例

分类	示例	说明
线性尺寸注法	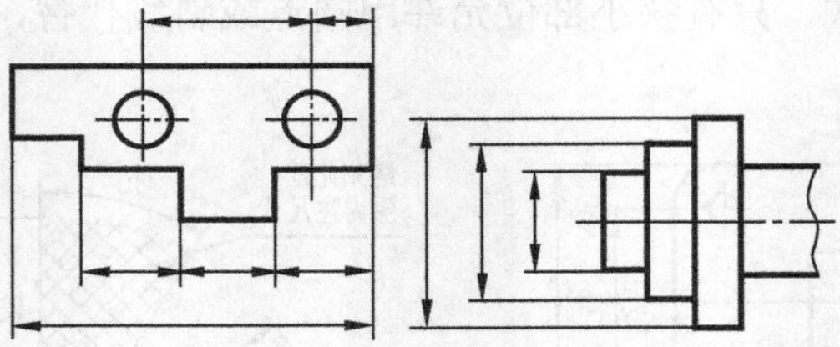	尺寸线必须与所标注的线段平行，在几条相邻且平行的尺寸线中，大尺寸线在外，小尺寸线在内，且尺寸线间距离相等（5～7mm），同一方向上的尺寸线尽量在一条直线上
圆及圆弧尺寸注法	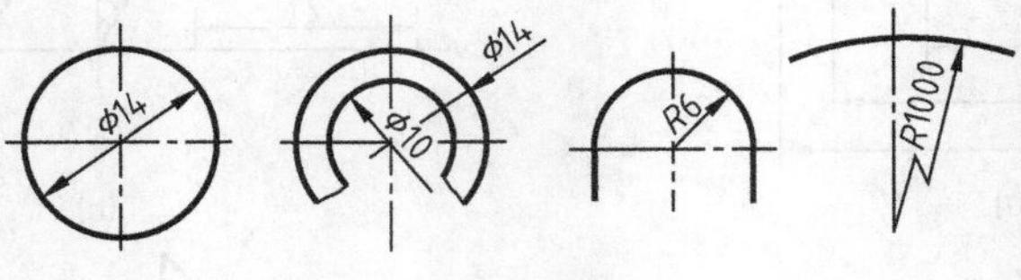	圆和大于半圆的圆弧标注直径，尺寸线通过圆心 小于和等于半圆的圆弧尺寸标注半径 R
小尺寸的注法	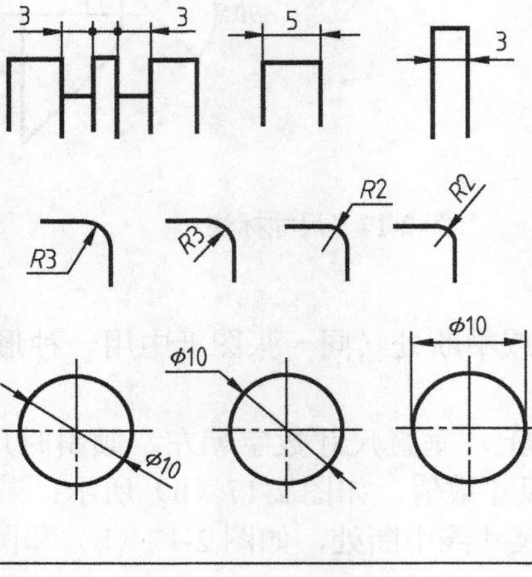	当没有足够的位置画箭头和写数字时，可将其中之一标注在外面，也可把箭头和数字都注在外面

续表

分类	示例	说明
对称机件尺寸注法		对称机件的图形只画一半或略大于一半时,尺寸线应略超出对称中心线或断裂处的边界,且仅在尺寸线一端画箭头
图线通过尺寸数字		当尺寸数字无法避免被图线通过时,图线必须断开
角度和弧长尺寸注法		角度的尺寸界线沿径向引出,尺寸线画成圆弧,其圆心是角顶,角度数字一律水平写标注弧长尺寸时,尺寸界线平行于弦的垂直平分线,尺寸线画成圆弧,并在相应的尺寸数字左方加注符号"⌒"
斜度和锥度尺寸注法		斜度和锥度采用引出标注,斜度符号"∠"的斜边方向应与斜度方向一致,锥度符号"◁"的方向应与圆锥方向一致

【练习2-1】 找出图2-18中平面图形尺寸标注中的错误。

尺寸标注的
一般规定

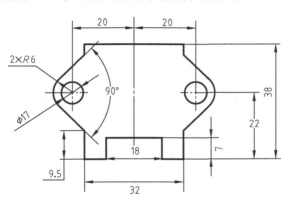

图2-18 有错的平面图形的尺寸标注

2.3　三视图的形成及投影规律

2.3.1　三视图的形成及投影规律

（1）三面投影体系

两个形状不同的物体在同一投影面上的投影却会相同，因此由一个投影不能确定物体的形状，如图 2-19 所示。为解决这一问题，常采用两个或两个以上互相垂直的投影面组成多面投影体系，在每个投影面上用正投影法获得同一物体的几个投影，共同表达同一物体。

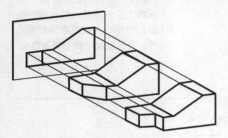

图 2-19　一个投影的不确定性

三面投影体系：用三个相互垂直的投影面组成三面投影体系，这三个平面把空间分为八个分角，如图 2-20 所示。

我国机械制图都采用第一角投影法，三个投影面分别称为：正面投影面（简称正平面），记作 V 面；水平投影面（简称水平面），记作 H 面；侧面投影面（简称侧平面），记作 W 面。三个相互垂直的投影面的交线 OX、OY、OZ 相互垂直且相交一点 O，如图 2-20（a）所示。

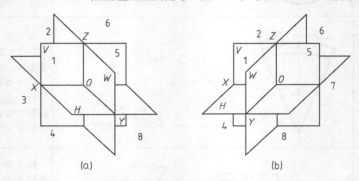

（a）　　　　　　　　（b）

图 2-20　三面投影体系

（2）三视图的形成

在机械制图中，常把投射线当作人的视线，把物体的投影称为视图。将物体放在三面投影体系中分别向三个投影面投影，得到物体的三个视图，如图 2-21（a）所示。将物体从前向后投射，在 V 面上得到的视图称为主视图；将物体从上向下投射，在 H 面上得到的视图称为俯视图；将物体从左向右投射，在 W 面上得到的视图称为左视图。

为了便于画图，将 V 面不动，H 面向下转 90°，W 面向后转 90°。这样，俯视图就在主视图的正下方，左视图在主视图的右方，三个视图就在同一平面上了，如图 2-21（b）和图 2-21（c）所示。

（3）三视图的投影规律

将物体的上、下尺寸（Z 坐标）称为高，左、右尺寸（X 坐标）称为长，前、后尺寸（Y 坐标）称为宽，那么主视图反映物体的高度和长度尺寸，俯视图反映物体的宽度和长度尺寸，左视图反映物体的宽度和高度尺寸。

三个视图既然是同一物体的三个投影，那么三个视图之间必然存在一定的联系，如图 2-21（d）所示，作图时应遵循长对正、高平齐、宽相等（三等）的投影规律。

主、俯视图长对正——长相等。因为它们同时反映了物体的长度方向的尺寸。

主、左视图高平齐——高相等。因为它们同时反映了物体的高度方向的尺寸。

俯、左视图宽相等——宽相等。因为它们同时反映了物体的宽度方向的尺寸。

物体各部分在空间分上下、左右、前后六个方位，三视图能清楚地反映物体各部分的相对位置。在主、左视图上反映物体的上下，在主、俯视图上反映物体的左右，在俯、左视图上反映物体的前后。在三视图中远离主视图的一侧是物体的前方，如图 2-21（d）所示。

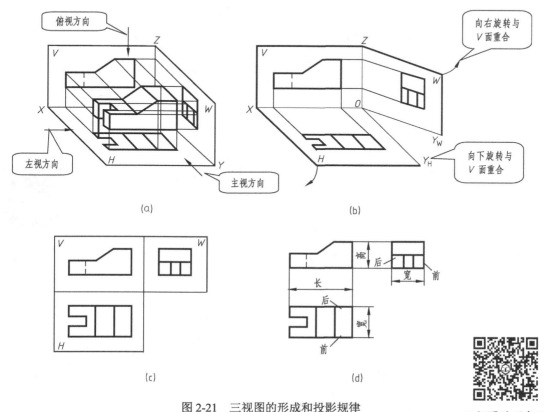

图 2-21　三视图的形成和投影规律

2.3.2　物体上可见与不可见部分的表示法

在画物体的三视图时，物体上可见部分的轮廓线用粗实线绘制，不可见部分的轮廓线用细虚线绘制，圆的中心线、图形的对称线用细点画线绘制。

【例 2-1】　画出图示立体的三视图（如图 2-22 所示）。

分析：这个物体是在弯板的下方中部挖了一个圆柱形的孔，在右边切去一个角。主视图选择图示箭头方向。

作图：如图 2-23 所示。

a. 画弯板的三视图，主、俯、左，如图 2-23（a）所示。

b. 画底面圆孔的三视图，俯、主、左，如图 2-23（b）所示。

c. 画右上方切角的三视图，左、主、俯，如图 2-23（c）所示。

d. 检查、加深，如图 2-23（d）所示。

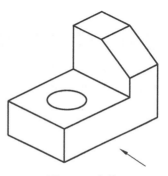

图 2-22　立体

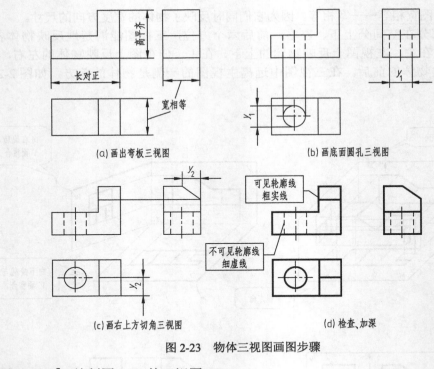

(a) 画出弯板三视图

(b) 画底面圆孔三视图

(c) 画右上方切角三视图

(d) 检查、加深

图 2-23　物体三视图画图步骤

可见轮廓线
粗实线

不可见轮廓线
细虚线

简单叠加体三
视图的画法

【练习 2-2】　绘制图 2-24 的三视图。

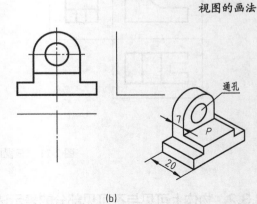

(a)

(b)

10

通孔

32

通孔

7

20

图 2-24　画物体三视图

2.4　机件的组成

　　机件是由一些基本几何体组合而成的，常见的基本几何体有平面立体和曲面立体，它们都是由平面或者平面和曲面或者曲面围成的，如图 2-25 所示。

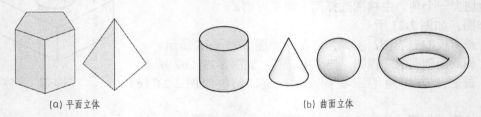

(a) 平面立体

(b) 曲面立体

图 2-25　基本几何体

2.4.1　三面投影体系中点、直线和平面的投影

为了叙述简便、图示清晰，将本书中出现的标记（未加特别注释的情况下）作如下约定。

空间点、线、面用大写字母或罗马数字表示，如：P、Q、M、A、B、C…Ⅰ、Ⅱ、Ⅲ…

点、线、面在 H 面投影用相应的小写字母或阿拉伯数字表示，如 p、q、m、a、b、c…，1、2、3…

点、线、面在 V 面投影用相应的小写字母或阿拉伯数字加一撇表示，如 p'、q'、m'、a'、b'、c'…$1'$、$2'$、$3'$…

点、线、面在 W 面投影用相应的小写字母或阿拉伯数字加两撇表示，如 p''、q''、m''、a''、b''、c''…$1''$、$2''$、$3''$…

投影不可见的点线面用相应的标记加括弧表示，如 (p)、(p')、(p'')…

（1）三面投影体系中点的投影

点的投影仍然是点，即过 A 点向投影面作垂线，垂足就是点的投影，如图 2-26 所示。

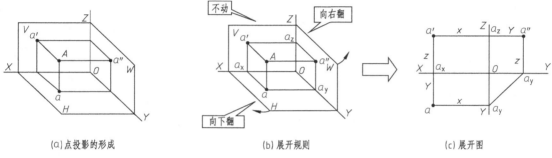

(a) 点投影的形成　　　　(b) 展开规则　　　　(c) 展开图

图 2-26　点的投影

投影特性：① 投影连线垂直投影轴；$a'a$ 连线 $\perp OX$，$a'a''$ 连线 $\perp OZ$；② 水平及侧面投影都反映点的 Y 坐标，即 a 到 OX 轴的距离等于 a'' 到 OZ 轴的距离：$aa_x = a''a_z$，也就是 a、a'' 宽相等。

（2）三面投影体系中直线的投影

直线在三面投影体系中有三种位置情况，即：一般位置直线、投影面的平行线、投影面的垂直线。

① 一般位置直线。与三个投影面都倾斜的直线称为一般位置直线，其三个投影都是倾斜的线，如图 2-27 所示。

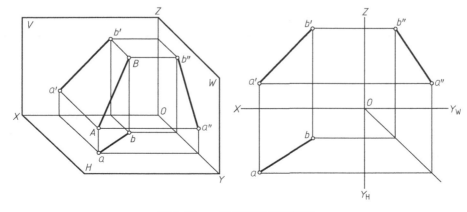

图 2-27　一般位置直线的投影

② 投影面的平行线。平行于某一投影面而与其他两投影面倾斜的直线。平行于正面投影面称为正平线；平行于水平投影面称为水平线；平行于侧面投影面称为侧平线；其投影特性如表 2-6 所示。

表 2-6　投影面平行线投影

项目	正平线	水平线	侧平线
物体上的投影面平行线	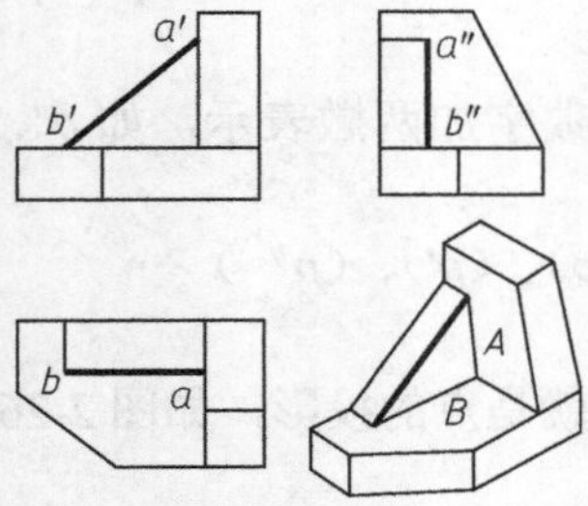	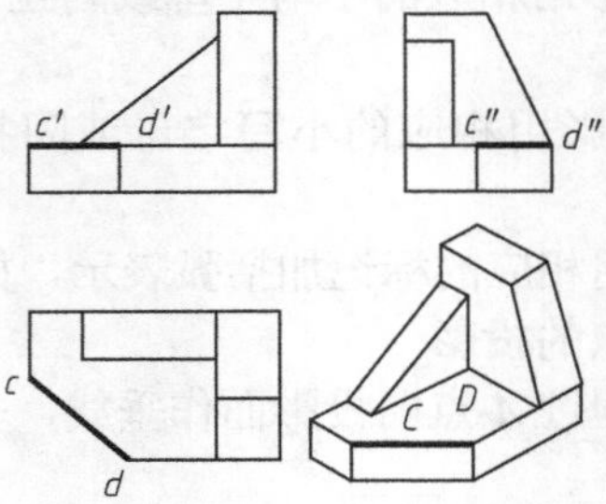	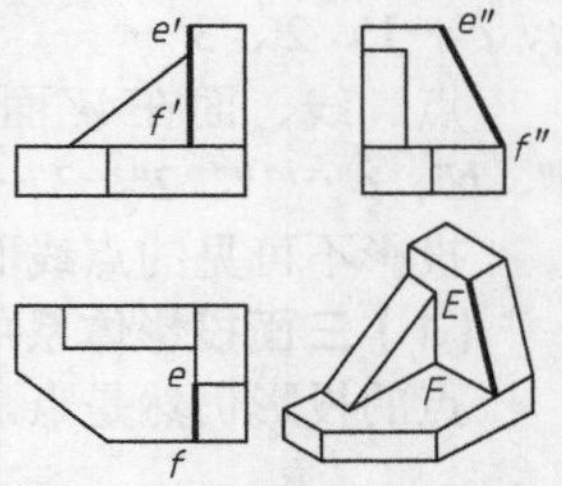
空间情况	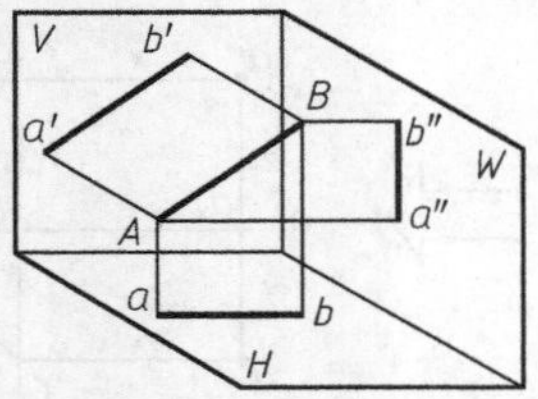	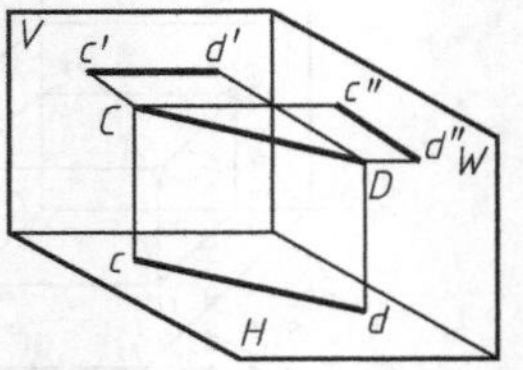	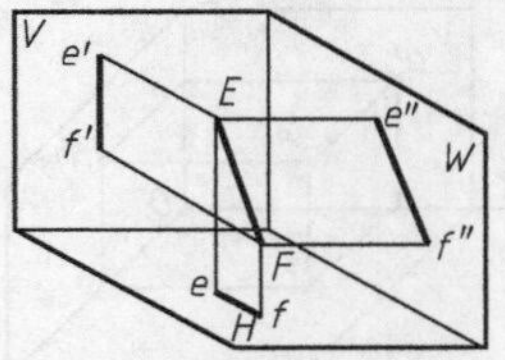
投影图	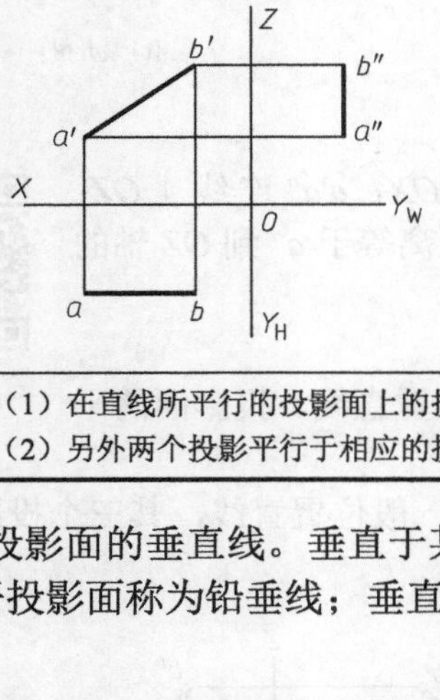	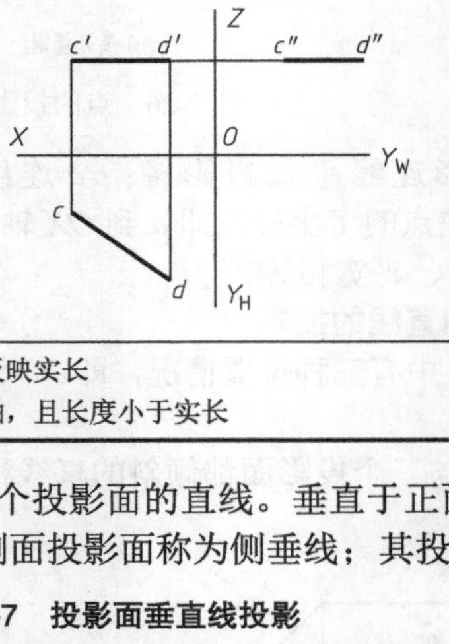	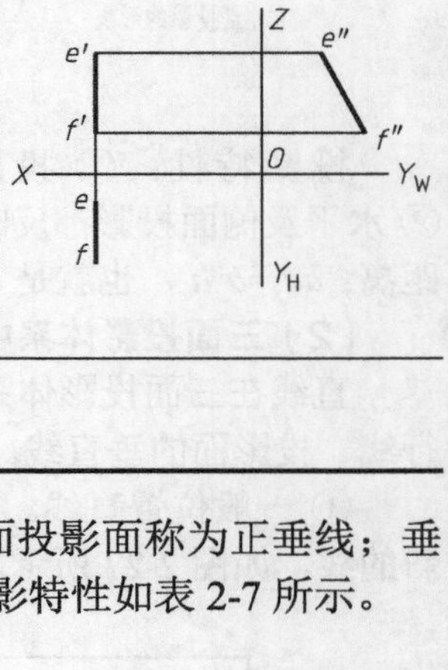
投影特性	（1）在直线所平行的投影面上的投影反映实长 （2）另外两个投影平行于相应的投影轴，且长度小于实长		

③ 投影面的垂直线。垂直于某一个投影面的直线。垂直于正面投影面称为正垂线；垂直于水平投影面称为铅垂线；垂直于侧面投影面称为侧垂线；其投影特性如表 2-7 所示。

表 2-7　投影面垂直线投影

项目	正垂线	铅垂线	侧垂线
物体上的投影面垂直线	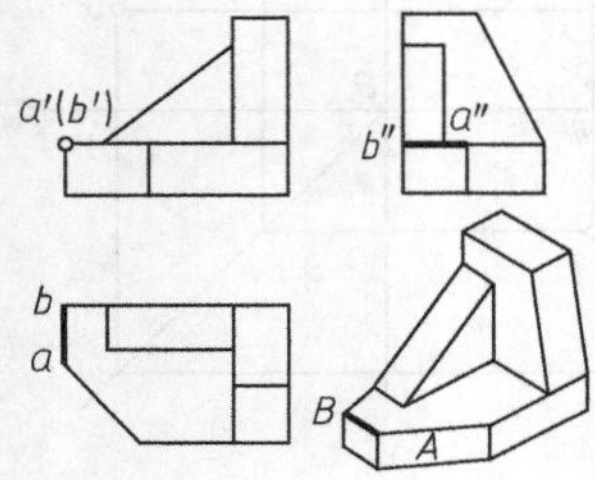	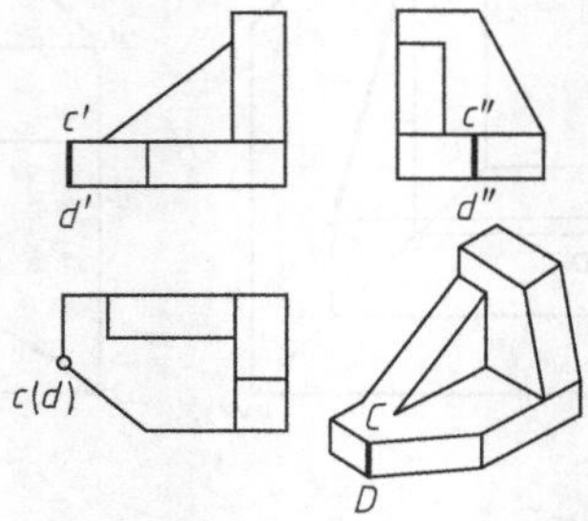	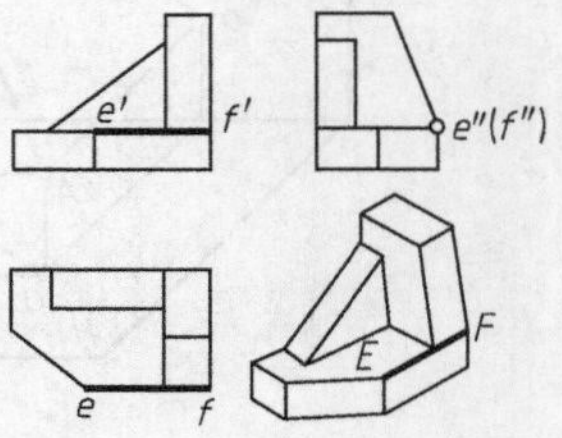

续表

项目	正垂线	铅垂线	侧垂线
空间情况			
投影图			
投影特性	（1）在直线所垂直的投影面上的投影积聚为一点 （2）另外两个投影垂直于相应的投影轴，且反映实长		

注意垂直线与平行线的区别：垂直线垂直某一投影面的同时，平行于另外两个投影面，这种线只能称为投影面的垂直线，而不能称为投影面的平行线。

（3）三面投影体系中平面的投影

平面在三面投影体系中有三种位置情况，即：一般位置平面、投影面的垂直面、投影面的平行面。

直线的投影

① 一般位置平面。与三个投影面都倾斜的平面称为一般位置平面，其三个投影具有类似形，如图 2-28 所示。

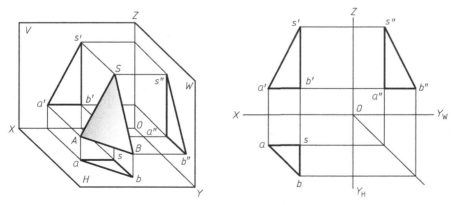

图 2-28　一般位置平面的投影

② 投影面的垂直面。垂直于某一投影面，倾斜于另两个投影面的平面。垂直于正面投影面的平面称为正垂面；垂直于水平投影面的平面称为铅垂面；垂直于侧面投影面的平面称为侧垂面；其投影特性如表 2-8 所示。

③ 投影面的平行面。平行于某一投影面的平面。平行于正面投影面的平面称为正平面；平行于水平投影面的平面称为水平面；平行于侧面投影面的平面称为侧平面；其投影特性如表 2-9 所示。

表2-8　投影面垂直面投影

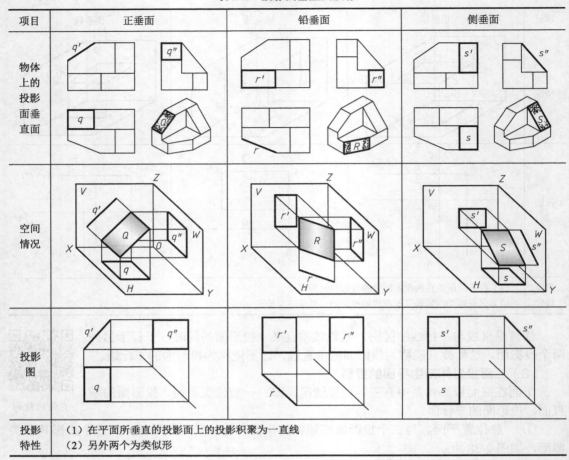

项目	正垂面	铅垂面	侧垂面
物体上的投影面垂直面			
空间情况			
投影图			
投影特性	(1) 在平面所垂直的投影面上的投影积聚为一直线　(2) 另外两个为类似形		

表2-9　投影面平行面投影

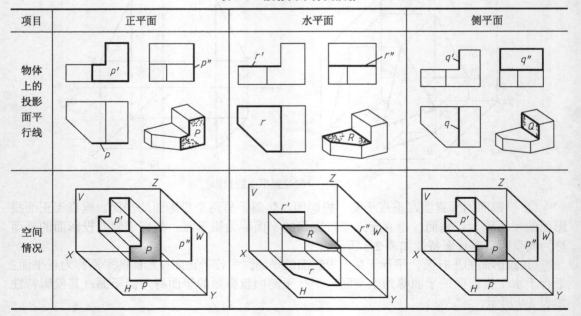

项目	正平面	水平面	侧平面
物体上的投影面平行线			
空间情况			

续表

项目	正平面	水平面	侧平面
投影图			
投影特性	（1）在平面所平行的投影面上的投影反映实形 （2）另外两个投影积聚为一直线，且平行于相应的投影轴		

注意投影面的平行面与投影面的垂直面的区别：投影面的平行面平行于某一投影面的同时，垂直于另外两个投影面，这种面只能称为投影面的平行面，而不能称为投影面的垂直面。

平面的投影

2.4.2　基本几何体及三视图

由平面围成的立体称为平面立体，两平面相交的直线称为棱线，常见的平面立体有棱柱体和棱锥体。棱柱体的棱线相互平行，棱锥体的棱线相交于顶点。棱柱体按底面形状分为三棱柱、四棱柱、五棱柱、六棱柱等；棱锥体按底面形状分为三棱锥、四棱锥、五棱锥、六棱锥等。常见的平面立体及三视图如表 2-10 所示。

表 2-10　常见平面立体及三视图

四棱柱	六棱柱
三棱柱	三棱锥

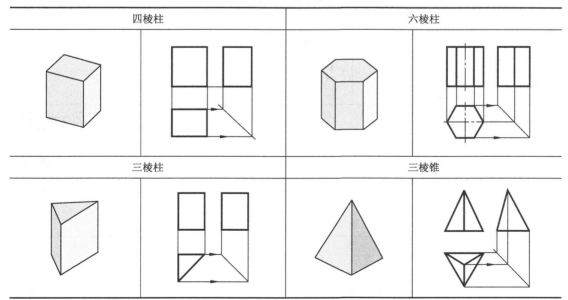

常见的曲面立体有圆柱、圆锥、球体、圆环等，它们由回转面和平面或回转面围成，故又称回转体，回转体没有明显的棱线，常见的曲面立体及三视图如表 2-11 所示。

注：本书所讨论的曲面立体是指回转体，其他曲面立体不包含在内。

平面立体的投影

表 2-11　常见曲面立体及三视图

曲面体	空间分析	三视图	投影特性
圆柱			当圆柱体的轴线是铅垂线时，圆柱面上的所有素线都是铅垂线，因此，圆柱面的俯视图积聚成一个圆，这个圆也是圆柱底面和顶面的水平投影，主视及左视图为相同的两个矩形
圆锥			当圆锥体的轴线是铅垂线时，圆锥的俯视图为一圆。这个圆反映了底面的实形，也是锥面的投影。主视和左视图分别为一个等腰三角形，其底边是底面圆的积聚投影，两个腰分别是圆锥面对 V 面与 W 面的转向轮廓线的投影。圆锥面的三个投影都没有积聚性
球体			圆球体的三视图均为大小相同的圆，其直径等于圆球的直径。这三个圆是分别从三个方向看球体时所得的最大圆，即三个方向球的转向轮廓线

2.4.3　基本体截切及三视图

基本体被平面所截切称为基本体截切，截切后形成一个截断面，围成截断面的线称为截交线。

曲面立体的投影

（1）平面截切平面立体

常见的平面立体被截切和其三视图情况如表 2-12 所示。

表 2-12　平面截切平面立体

立体图	三视图	立体图	三视图

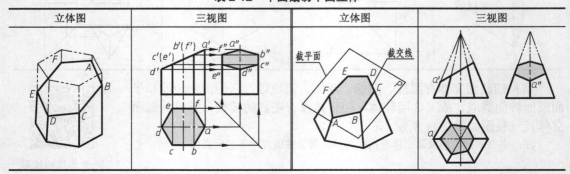

续表

立体图	三视图	立体图	三视图
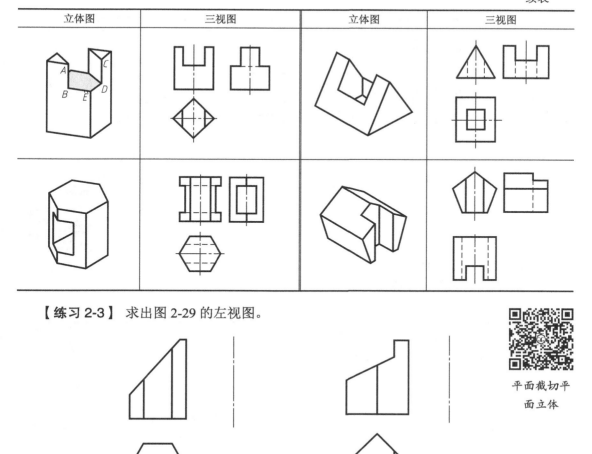			

【练习2-3】 求出图2-29的左视图。

平面截切平
面立体

(a)   (b)

图2-29 求左视图

（2）平面截切圆柱体

平面截切圆柱体有三种形式，即截平面平行于轴线、截平面垂直于轴线、截平面倾斜于轴线，其三视图如表2-13所示。

表2-13 平面截切圆柱体

内容	截平面平行于轴线	截平面垂直于轴线	截平面倾斜于轴线
空间情况	截平面与端面交线 截平面与圆柱面交线	与圆柱等直径的圆	椭圆 椭圆短轴等于圆柱直径

续表

内容	截平面平行于轴线	截平面垂直于轴线	截平面倾斜于轴线
三视图			
交线形状	两平行直线	圆	椭圆

平面截切圆柱体

（3）平面截切圆锥体

平面截切圆锥体有五种情况，其三视图如表 2-14 所示。

表 2-14　平面截切圆锥体

内容	截平面过锥顶 $\beta < \alpha$	截平面垂直轴线 $\beta = 90°$	截平面倾斜于轴线 $\beta > \alpha$	截平面倾斜于轴线 $\beta = \alpha$	截平面平行于轴线 或 $\beta < \alpha$
空间情况					
三视图					
交线形状	过锥顶的等腰三角形	圆	椭圆	抛物线	双曲线

平面截切圆锥体

（4）平面截切圆球体

平面截切圆球体，截平面为圆。当截平面与投影面的位置不同时，其投影会成为椭圆，其三视图如表 2-15 所示。

表 2-15　平面截切圆球体

截平面平行于投影面	截平面垂直于投影面
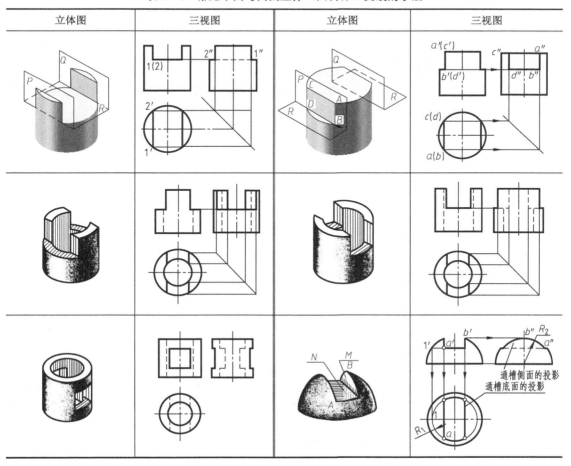	

平面截切圆球体

（5）平面与曲面立体（回转体）交线的求法

常见平面与曲面立体（回转体）交线的求法如表 2-16 所示。

表 2-16　常见平面与曲面立体（回转体）交线的求法

立体图	三视图	立体图	三视图

续表

立体图	三视图	立体图	三视图
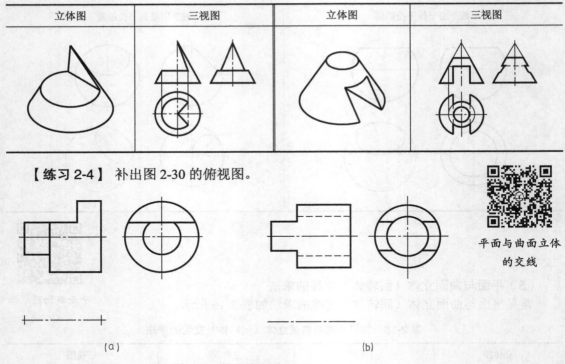			

【练习2-4】 补出图2-30的俯视图。

平面与曲面立体
的交线

(a)　　　　　　　　　　　　　(b)

图2-30　补出俯视图

2.4.4　机件的组成及表面间过渡关系

机件是由一些基本几何体组合而成的，有时也可以看作由一些常见的简单形体组合而成的，如图2-31所示。

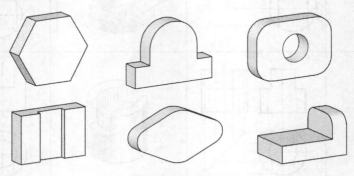

图2-31　简单形体

（1）机件的组成方式

机件的组成方式有叠加与挖切两种方式。

① 叠加：基本体和基本体之间进行组合，如图2-32（a）所示。

② 挖切：从基本体中挖去某一部分，被挖去的部分就形成空腔或孔（称为空形体）；或者是在基本体上切去某一部分，使被切的基本体成为不完整的几何形体，如图2-32（b）所示。

③ 叠加挖切的组合：基本体和基本体之间进行组合，同时又有挖切部分。

注意：

a. 由于实际的机器零件形状有时较复杂，单一的叠加或挖切式组合体较为少见，更多的是综合叠加和挖切而形成的组合体，如图 2-32（c）所示。

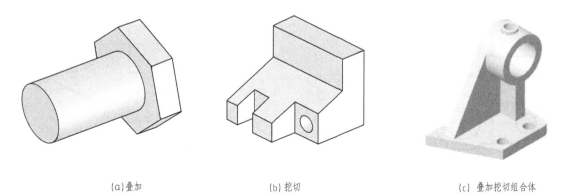

（a）叠加　　　　　　　　　　（b）挖切　　　　　　　　（c）叠加挖切组合体

图 2-32　机件的组成方式

b. 分解组合体时，分解过程并非唯一和固定的。尽管分析的中间过程各不相同，但其最终结果都是相同的，如图 2-33 所示。这里要特别注意，机件是一个整体，不可分割，为了读图方便，人为地将其分成若干部分。

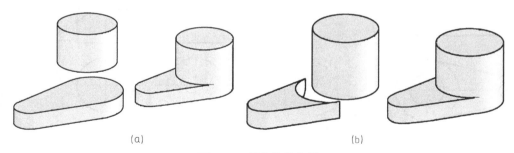

（a）　　　　　　　　　　　　　　（b）

图 2-33　组合体的分解

（2）组成机件的简单形体表面间过渡关系

形体经叠加、挖切组合后，形体邻接表面间可能产生共面、相切和相交三种特殊位置。

① 共面。当两形体邻接表面共面时，在共面处，两形体邻接表面不应有分界线；如果两形体邻接表面不共面，则在两形体邻接表面处应有分界线，如图 2-34 所示。

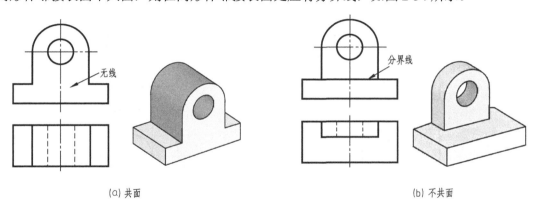

（a）共面　　　　　　　　　　　　　　（b）不共面

图 2-34　共面与不共面

② 相交。两形体的邻接表面相交，邻接表面之间一定产生交线，如图 2-35（a）所示。无论是两形体邻接表面相交，还是实形体与空形体或空形体与空形体的邻接表面相交，其相交的本质是一样的。交线均可按实形体与实形体的邻接表面相交求得，如图 2-35（b）所示。

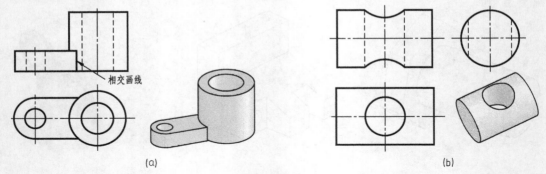

图 2-35　相交

③ 相切。当两形体邻接表面相切时，由于相切是光滑过渡，所以切线的投影在三个视图上均不画出，如图 2-36 所示。

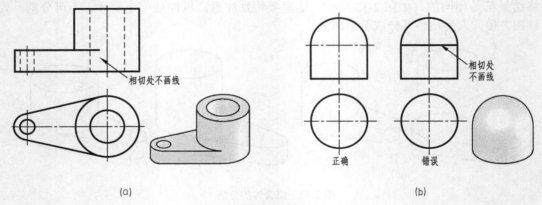

图 2-36　相切

当切线恰好与回转面的某个方向的转向轮廓线重合时，才画出与其重合的切线的投影，如图 2-37 所示。

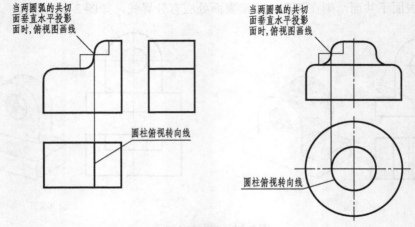

图 2-37　画出切线投影

两形体叠加在一起，可理解为两个形体通过贴合部分融为一体，此时贴合部分不再画原形体轮廓线，如图2-38所示。

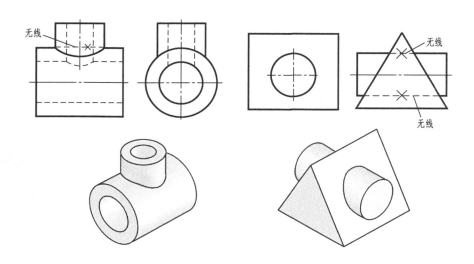

图 2-38　贴合面画法

【练习2-5】　分析图2-39中各主视图应该画出的线条。

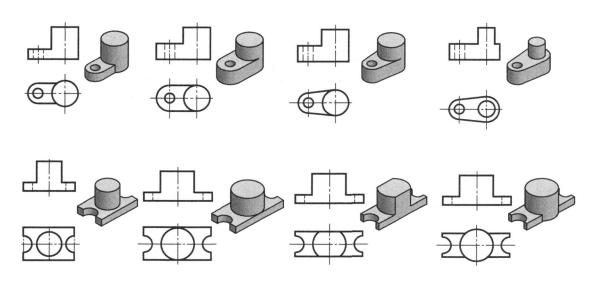

图 2-39　补画主视图漏画的线条

（3）形体分析法

形体分析法是假想把机件分解为若干个基本几何形体或简单形体，弄清楚它们的形状，并确定它们之间的组合形式和相对位置，分析各形体邻接表面间关系及投影特性，以进行画图和看图的方法，如图2-40所示。

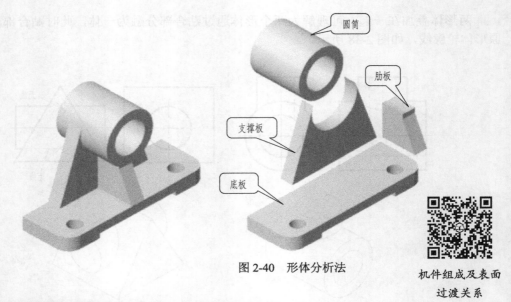

图 2-40　形体分析法

机件组成及表面
过渡关系

2.5　机件的识读方法——三步法

　　识读机件图样是根据已知的几个视图，运用形体分析法和线面分析法（投影规律法），想象出机件的空间形状。其过程是：设计者把设计结果用图样表达出来，制造的技术人员识读图样，把图样转换成实物并制造出来，识读过程如图 2-41 所示。

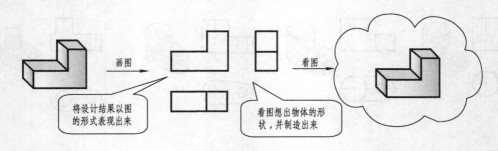

将设计结果以图
的形式表现出来

看图想出物体的形
状，并制造出来

图 2-41　读图过程

2.5.1　识读机件图样时应注意的几个问题

（1）几个视图联系起来看

　　视图是采用正投影原理画出来的，每一个视图只能表达物体一个方向的形状，不能反映物体的全貌，所以一个视图或两个视图不能完全确定物体形状，看图的时候必须几个视图联系起来看。如图 2-42 所示，主、俯视图一定，但对应物体有多种形式，通过左视图确定其形状。

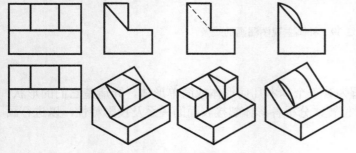

图 2-42　左视图确定形状

　　【练习 2-6】　试着读懂图 2-43 中各图，并想象物体的形状。

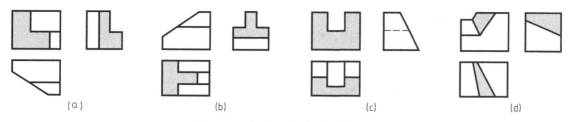

图 2-43　读三视图，想象物体形状

（2）抓住特征视图

包括形状特征与位置特征，如图 2-44 所示，其主视图中的圆和矩形是凸台还是凹坑（孔）通过主、俯视图不能确定只有通过左视图才能确定其位置特征，故主视图反映形状特征，左视图反映位置特征。

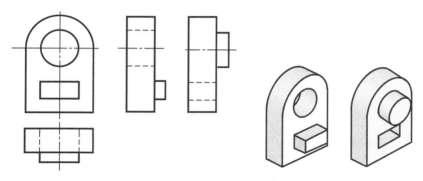

图 2-44　左视图确定形状和位置

【**练习 2-7**】　给表 2-17 中的主视图、俯视图和立体图配对，选择与主视图相对应的俯视图和立体图填入左边的括号内，例如主视图中选择（1），俯视图选择（b），对应的立体图是 E。

表 2-17　主视图、俯视图、立体图配对

主视图					立体图		主视图	俯视图	立体图
主视图	(1)	(2)	(3)	(4)	A	B	（1）	（b）	E
	(5)	(6)	(7)	(8)	C	D			
俯视图	(a)	(b)	(c)	(d)	E	F			
	(e)	(f)	(g)	(h)	G	H			

（3）注意形体表面之间联系的图线

分清两形体之间是共面、不共面、相交、相切还是融合，如图 2-45 所示。

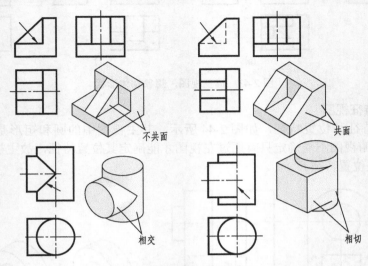

图 2-45　形体之间的交线

① 圆柱与圆柱的交线。圆柱与圆柱的交线又称为相贯线。相贯线一般为空间曲线，特殊情况下（如两圆柱相切）为平面曲线。两圆柱轴线垂直相交，其相贯线的求法如图 2-46 所示。其采用的是三点法，即两边各一点 1、2，中间有一点 3，用光滑曲线连接即可，如图 2-46（b）所示。或用简化画法如图 2-46（c）所示，用一段圆弧代替。

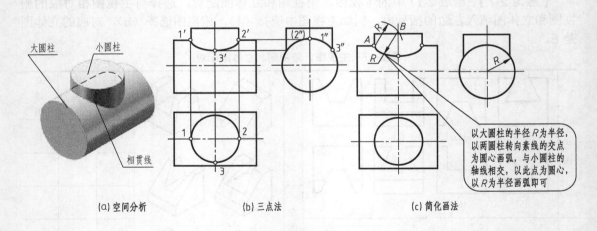

图 2-46　两圆柱相贯线求法

两轴线垂直相交的圆柱，其直径变化对相贯线也产生影响，如图 2-47 所示。其走向为：相贯线始终弯向大直径圆柱，当两个圆柱等直径时，相贯线为两条平面曲线（椭圆）。

当圆柱为内表面（孔）时，其相贯线的求法可采用复原法，即将形体中的圆柱孔复原成圆柱，然后再按三点法（或简化画法）求交线，如图 2-48 所示。

两圆柱相贯线的求法

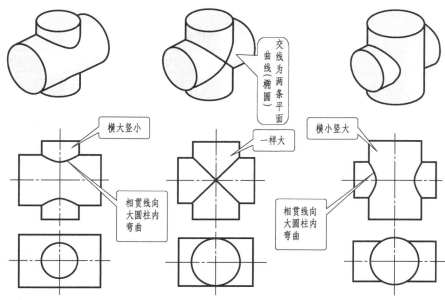

图 2-47　直径变化对相贯线的影响

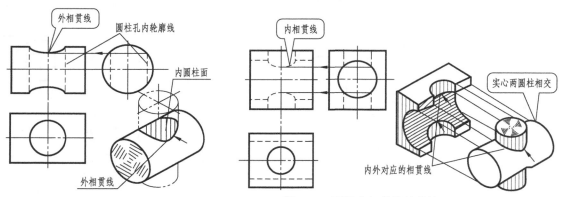

图 2-48　圆柱孔相贯线的求法

② 球体表面的交线。球体与其他形体相交，其交线如表 2-18 所示。

表 2-18　球体与其他形体相交

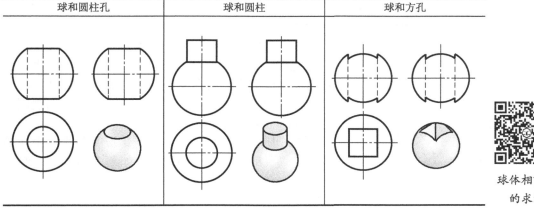

球和圆柱孔	球和圆柱	球和方孔

球体相贯线
的求法

③ 回转体相交。其交线情况如表 2-19 所示。

表 2-19　回转体相交

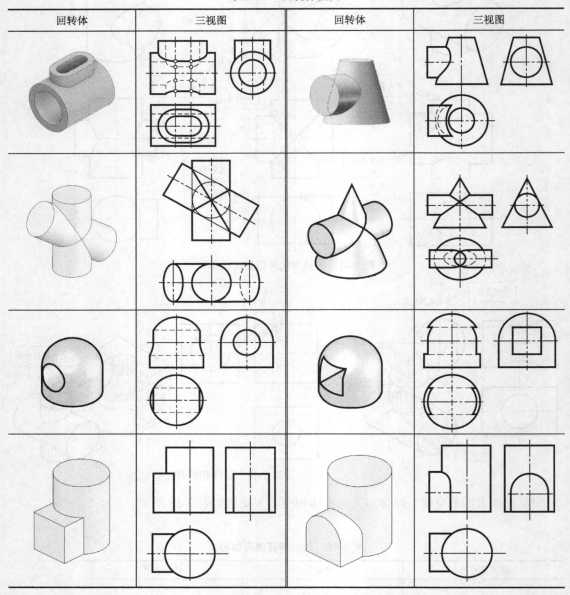

回转体	三视图	回转体	三视图

（4）视图中直线和线框的含义

视图中每一条线可能是一个平面的投影，也可能是两个平面的交线或曲面的转向轮廓线。如图 2-49 所示，主视图中的 a' 为平面 A 的积聚性投影，俯视图中的 b 为两个平面的交线。

视图中每一封闭线框，一般情况下代表一个面的投影，也可能是一个孔的投影。如图 2-50 所示，封闭线框 a' 代表物体的最前面，俯视图中的封闭线框 b 为物体的方孔投影。

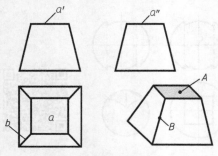

图 2-49　投影线的投影分析

视图中相邻两个封闭线框一般表示两个面,这两个面必定有上下、左右、前后之分,同一面内无分界线。如图2-51所示的主视图中有两个封闭线框,代表了物体的两个平面,从左视图可以区别这两平面的前后位置,即A平面在前,B平面在后。视图中嵌套的两个封闭线框一般表示凸台成孔(凹坑),如图2-50所示俯视图中嵌套的两个线框b、c表示一个孔。

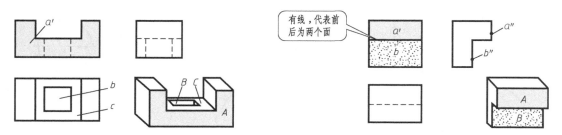

图2-50 封闭线框的投影分析   图2-51 相邻封闭线框的投影分析

(5)要善于构思空间形体

看图的过程是从三视图构想三维立体,再从三维立体到三视图,不断修正想象中机件的思维过程。如图2-52所示,看主视图可以是圆锥,也可以是棱锥;从俯视图来看,中间有一条线,所以不可能是圆锥或棱锥(圆锥或棱锥相交于顶点),可以理解是一个三棱柱被一个圆从上切到下所得到的,也可以理解是一个圆柱被切去两边得到的。

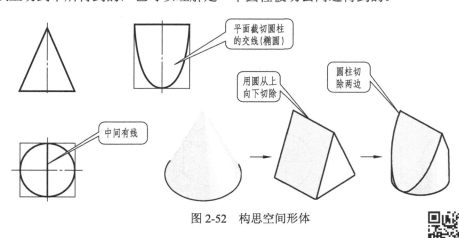

图2-52 构思空间形体

2.5.2 机件的识读方法——三步法

读图的过程可采用形体三步法,即分形体、找特征、攻难点,然后再根据三视图的投影规律,即长对正、高平齐和宽相等,来读懂视图。在识读图样的过程中,应始终牢记:主视图是从前向后投射得到的;俯视图是从上向下投射得到的;左视图是从左向右投射得到的。俯视图、左视图宽相等。在读图过程中,一定要两个以上的视图一起看,先易后难,先总体后局部,不断地思考—假设—修正,直到读懂为止。

识读机件图样时应注意的几个问题

(1)外部轮廓分形体——看总体

外部轮廓主要用来区分是平面立体还是曲面立体或是它们的组合。

① 平面立体。平面立体一般都是由直线组成的封闭的线框,如图2-53所示。

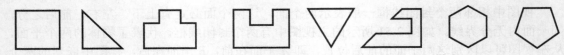

图 2-53　平面立体

② 曲面立体（回转体）。回转体至少有一个投影是圆，如图 2-54 所示。

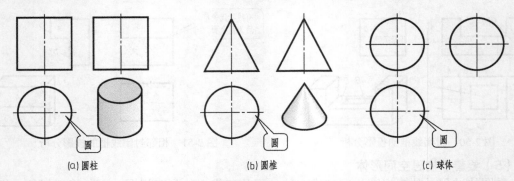

(a) 圆柱　　　　　　　　　　(b) 圆锥　　　　　　　　　　(c) 球体

图 2-54　曲面立体（回转体）

③ 组合形式。组合形式一般都是由平面立体和回转体或回转体与回转体组合而成的，如图 2-55 所示。

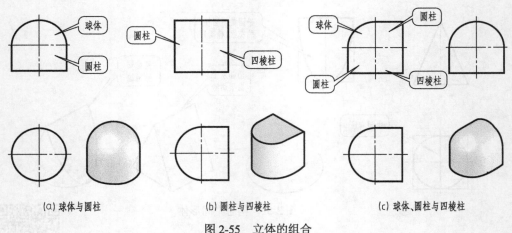

(a) 球体与圆柱　　　　　　　(b) 圆柱与四棱柱　　　　　　(c) 球体、圆柱与四棱柱

图 2-55　立体的组合

（2）内部轮廓找特征——看局部

如果在视图内部出现一个封闭的轮廓，按照投影规律长对正、高平齐和宽相等找出对应的局部特征，来判断是凸台还是凹坑（孔），如图 2-56 所示（俯视图）。

如图 2-57（a）所示是一个机件的主、俯视图，按照识读形体三步法读图。第一步分形体，从主、俯视图的外形来看，应该是平面立体，四棱柱或三棱柱；第二步找特征，如果外形为四棱柱，从主视图来看有一个方形的内部轮廓，它有两种可能：凸台或凹坑；如图 2-57（b）和图 2-57（c）所示；但从俯视图来看，图 2-57（b）的可能被排除，有可能是图 2-57（d）；如果是图 2-57（d）的形状，则视图中会出现虚线，如图 2-57（e）所示。

从图 2-57（a）主、俯视图中没有虚线来看，这个平面立体不是四棱柱，而是一个三棱柱。主、俯视图中的内部轮廓可以是凸台也可以是凹坑。

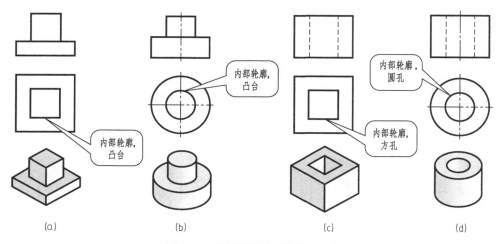

图 2-56　俯视图的内部轮廓（一）

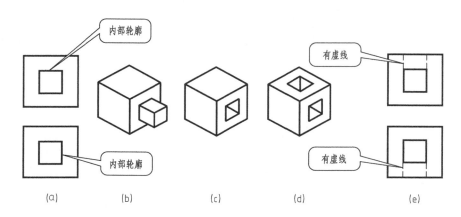

图 2-57　读机件图

图 2-58 给出了几种不同的形体都可以满足主、俯视图的要求。从几个不同的左视图来看，左视图反映这个机件的形位特征，有主视图和左视图能清楚地表达这个机件的形状。但是，只有主视图和俯视图是不能表达这个机件的形状的，可能有多种形式，这是视图表达过程中应该避免的事情，视图的表达一定是唯一的。

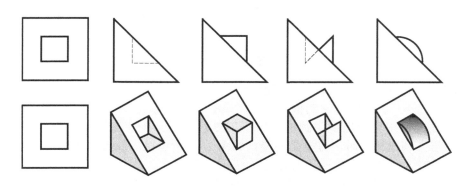

图 2-58　俯视图的内部轮廓（二）

【**练习 2-8**】 在图 2-59 的三组立体中，选择能满足左边三视图要求的立体。

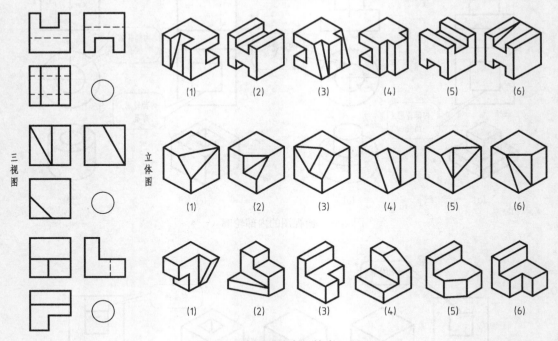

图 2-59 俯视图的内部轮廓（三）

（3）线面分析攻难点——看细节

这里说的线是指两平面的交线、平面与立体的交线，或者是两立体的交线；这里说的面一般是指平面，或者是平面与立体的截平面，它们的形状与立体的形状和截平面与立体的位置有关，可参阅表 2-12 ～表 2-16。

① 平面与平面立体的交线。在平面立体中经常出现有槽的结构形式，当槽的上端无线时，这个槽从前向后贯通，如图 2-60（a）所示。当有线时，槽可能不通，另外一种形式可能是斜面，如图 2-60（b）所示，这要根据两个以上的视图来判断。

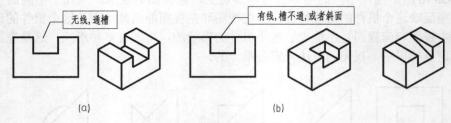

图 2-60 平面立体中的槽结构

当出现两个相互垂直的槽时，槽可能一样深，或有深有浅。当槽一样深时，是一个十字形的平面；当不一样深时，深的槽是通槽，如图 2-61 所示。

有时平面立体中也会出现半圆槽，如图 2-62 所示为一个半圆槽与一个方槽垂直交错。当方槽底面与半圆槽相切时，方槽是通槽，如图 2-62 所示；当二者不相切，且方槽比半圆槽浅时，半圆槽为通槽，此时将产生交线，如图 2-63 所示。

② 常见曲面立体表面的交线。在圆柱体中经常出现轴线相互垂直的孔（圆孔或方孔），当孔的大小不同时，其交线也不同，如图 2-64 所示。

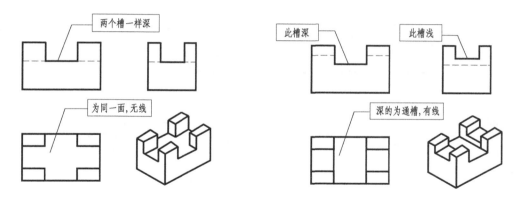

图 2-61　平面与平面立体的交线

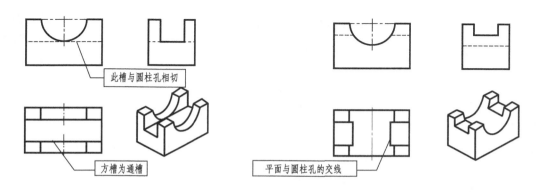

图 2-62　平面圆柱孔相切　　　　　　　图 2-63　平面圆柱孔相交

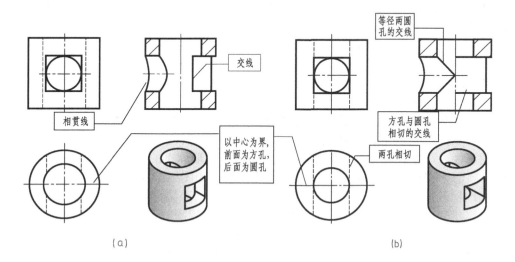

（a）　　　　　　　　　　　　　　　　　（b）

图 2-64　圆柱孔的交线

　　如图 2-65 所示是两个带耳朵的机件，图 2-65（a）的主要形体是圆柱，图 2-65（b）的主要形体是球体。它们的主视图看上去是相同的，但是俯、左视图有较大差异，且俯视图的交线也不相同，图 2-65（a）是直线，图 2-65（b）是圆弧。

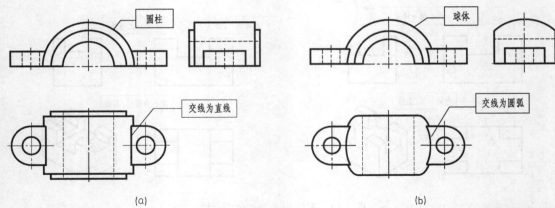

图 2-65　圆柱和球体的交线

读图三步法

2.5.3　识读不同组成方式机件图样的方法与步骤

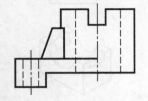

识读机件图样的方法有形体分析法和线面分析法（投影规律法）。一般以形体分析法为主，线面分析法为辅。识读时要根据已知视图的外形轮廓特征，首先将机件的形体分为平面立体还是曲面立体，机件的构成形式是以叠加为主的还是以挖切为主的。

（1）叠加式机件图样的识读方法和步骤

① 读图一般从主视图入手，将视图分为几个封闭的线框。

② 按照线框对投影确定形状和位置。按照读图三步法分形体、找特征、攻难点来看图，每一个封闭的线框代表一个形体。

③ 综合起来想整体。

读图时，始终把想象形体的形状放在首位。

【例2-2】　读懂图 2-66 所给机件的两个视图，想象机件形状，补画第三视图。

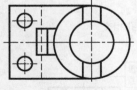

图 2-66　机件三视图

解： 看图方法和步骤如图 2-67 所示。

a. 从主视图入手，根据视图特性，分为三个线框Ⅰ、Ⅱ、Ⅲ，如图 2-67（a）所示。

b. 三步法定形体。

（a）外部轮廓分形体。形体Ⅰ俯视图为圆，主视图为矩形，这是一个圆柱，如图 2-67（b）所示；从形体Ⅱ的主、俯视图来看，是个平面立体（四棱柱右下方截去一个四棱柱），从俯视图可知，与圆柱相切，如图 2-67（c）所示；从形体Ⅲ的主、俯视图来看，也是个平面立体（断面为梯形的四棱柱），工程上常称为肋板，如图 2-67（d）所示。

（b）内部轮廓找特征。形体Ⅰ俯视图圆的内部有一个圆，从主视图中的虚线可知是个圆孔，上部开有一个通槽，形体Ⅱ上有两个小圆，从主视图的虚线来看，是两个小圆孔。

（c）线面分析攻难点——看细节。从主视图可看出，形体Ⅱ与圆柱相切，底面与圆柱的底面共面，形体Ⅱ在底板上，且与圆柱相交，如图 2-67（b）~图 2-67（d）所示。

c. 综合起来想整体，并补画左视图，如图 2-67（e）所示。

（2）挖切式机件图样的识读方法和步骤

根据挖切式机件的形成方式进行识读：首先根据视图外部轮廓确定挖切前的基本（简单）形体（看总体），然后利用形体分析法逐一分析被挖切掉的基本形体（看局部），最后综合起来想整体，并用线、面投影特性进行验证（看细节）。

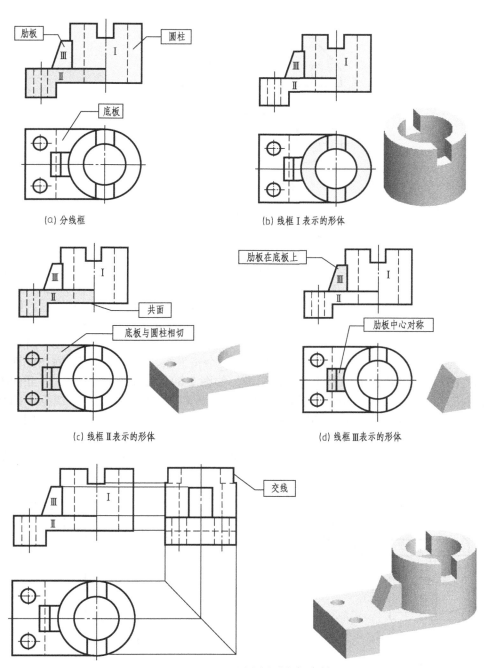

(a) 分线框

(b) 线框 I 表示的形体

(c) 线框 II 表示的形体

(d) 线框 III 表示的形体

(e) 综合起来想整体并画出左视图

图 2-67　叠加式机件识读步骤

叠加式机件读图

【例 2-3】　看懂图 2-68 所给机件的三视图，想象机件形状。

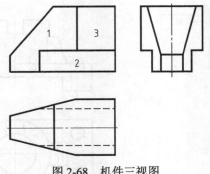

图 2-68   机件三视图

解：a. 外部轮廓分形体。根据所给三视图可以看出：此机件为平面立体四棱柱被挖切而形成。首先补齐截切部分，如图 2-69（a）所示，可以看出是一个四棱柱（长方体），如图 2-69（b）所示。

b. 内部轮廓找特征——看局部。主视图特征：在一个封闭线框中有三个相连的线框，这表示主视方向有前后不同位置的三个平面，同理左视和俯视也具有同样的特征。

首先由主视图外形轮廓可以看出，它是在四棱柱的左上方截去一个三棱柱，如图 2-69（c）所示；其次由线框 I 对应俯、左视图可以看出，线框 I 为一个铅垂面，由俯视图可以看出此面是由在四棱柱的左前、左后方各挖去一个三棱柱而形成，如图 2-69（d）所示；再由线框 II 对应俯视图和左视图可以看出，线框 II 为一个正平面，由左视图可以看出此面是由在四棱柱的前方、后方各挖去一个四棱柱而形成，如图 2-69（e）所示；线框 I、II 代表的两个平面相交；而线框 III 由其俯、左视图可以看出是四棱柱本身的棱面，与线框 I 相交，和线框 II 平行切位于线框 II 前方，如图 2-69（f）所示；最后综合起来想整体，如图 2-69（e）轴测图所示。

c. 线面分析攻难点——看细节。观察图 2-69（f）中 P 平面的投影，利用"平面的形状其投影具有类似性"验证其正确性。

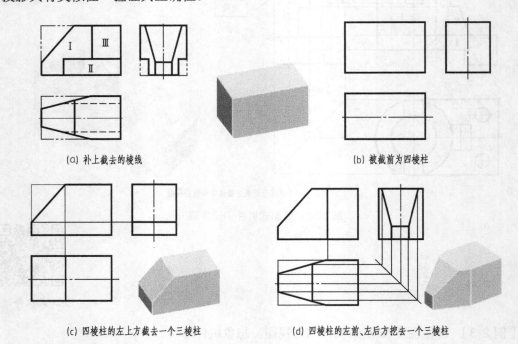

（a）补上截去的棱线   （b）被截前为四棱柱

（c）四棱柱的左上方截去一个三棱柱   （d）四棱柱的左前、左后方挖去一个三棱柱

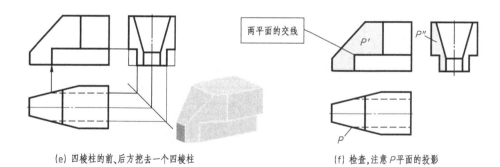

（e）四棱柱的前、后方挖去一个四棱柱　　（f）检查，注意 P 平面的投影

图 2-69　挖切式机件识读步骤

挖切式机件读图

【例 2-4】　看懂图 2-70 所给机件的三个视图，想象机件形状。

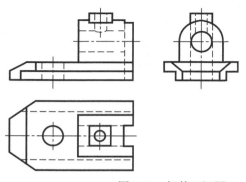

图 2-70　机件三视图

解：根据所给视图可以看出：此机件是以叠加为主、挖切为辅而形成的。

a. 从主视图入手，分形体。根据视图特性，分为三个线框，如图 2-71（a）所示。

b. 三步法定形体。按线框对投影定形状、看位置。线框 Ⅰ 为一四棱柱挖切一个圆柱孔，如图 2-71（b）所示；线框 Ⅱ 主体为一四棱柱与半圆柱叠加，与半圆柱同轴处挖一水平圆柱孔，上下挖切一小圆柱孔并水平圆柱孔相贯，右方中间挖一切四棱柱槽，如图 2-71（c）所示；线框 Ⅲ 为一四棱柱被挖切，如图 2-71（d）所示，其形状特征可参见例 2-3。

c. 综合起来想整体，如图 2-71（e）所示。

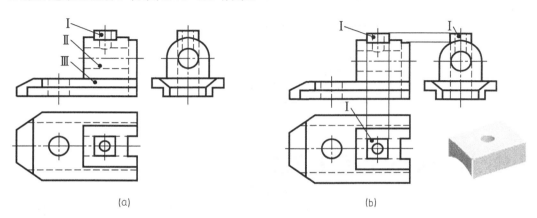

（a）　　　　　　　　　　　　　　（b）

图 2-71

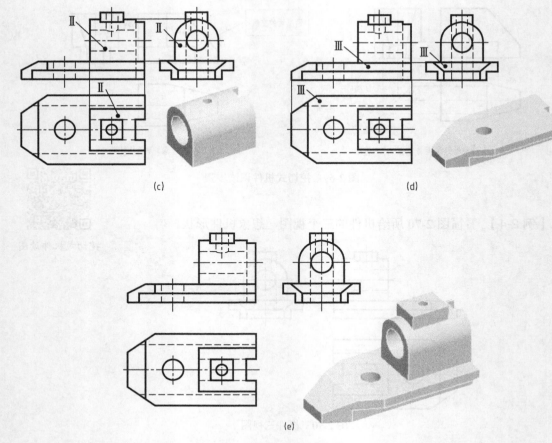

(c)

(d)

(e)

图 2-71   看图步骤

【练习 2-9 】   读懂图 2-72 的形状。

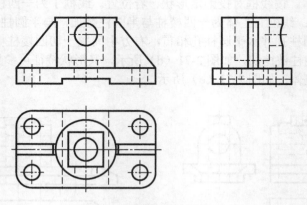

图 2-72   读机件三视图

2.6   机件的尺寸标注方法

机件标注的尺寸包括：定形尺寸、定位尺寸（包括尺寸基准）和总体尺寸。标注尺寸时，一般标注坐标尺寸，即标注平行 X、Y、Z 轴的尺寸，有特殊要求时，也可标注倾斜的尺寸。

2.6.1 常见基本形体的尺寸注法

（1）平面立体尺寸标注

如图 2-73 所示。

① 四棱柱（三个尺寸长、宽、高）。

② 三棱柱（底面与高三个尺寸）。

③ 四棱锥（底面与高三个尺寸）。

④ 四棱台（上、下底面与高五个尺寸）。

⑤ 正六棱柱（对边距离与高两个尺寸）。

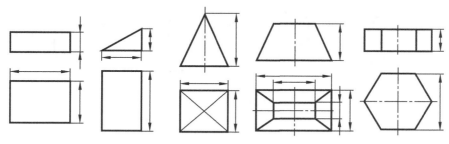

图 2-73 常见平面基本体尺寸标注

（2）曲面立体尺寸标注

如图 2-74 所示。

① 圆柱体（底径与高两个尺寸）。

② 圆球（直径一个尺寸）。

③ 圆环（母圆直径与母圆旋转直径）。

④ 圆锥（底径与高，或底径与锥度两个尺寸）。

⑤ 圆台（上、下端面直径与高，或底径、高、锥度三个尺寸）。

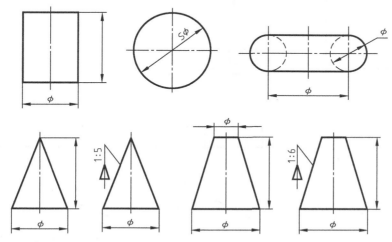

图 2-74 常见曲面基本体尺寸标注

2.6.2 带切口立体及相交立体的尺寸标注

带切口立体，除标注确定立体本身形状的尺寸外，只标注截平面的位置尺寸，不标注截平面的形状尺寸，如有特殊要求时，也要标注在反映实形的视图上。

相交的立体，除标注确定立体本身形状的尺寸外，只标注确定两相交体相互的位置尺寸，交线上不标注尺寸，如图 2-75 所示。

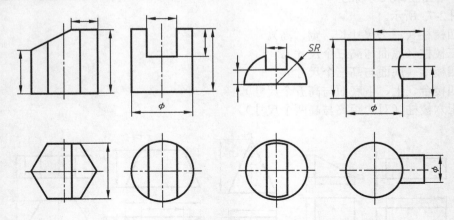

图 2-75　带切口立体及相交立体的尺寸标注

2.6.3　板状类形体尺寸标注

标注板状类形体尺寸时，一般将尺寸集中标注在能反映形状特征的视图上，如图 2-76 所示。

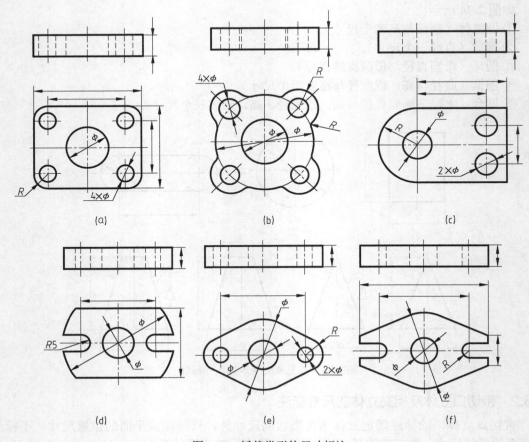

图 2-76　板状类形体尺寸标注

2.6.4　机件的尺寸标注

在标注尺寸时，重要尺寸必须单独注出，在一个尺寸链中，其中一个不重要的尺寸不需要标注。图2-77中，主视图总高60，底板高13，底板上部的四棱柱的高度不必注出，可以通过计算得出（60-13=47），在这个尺寸链中，不必标出47。

（1）机件视图的尺寸分析

如图2-77所示，机件中有以下三类尺寸。

① 定形尺寸：确定机件中各简单形体形状大小的尺寸。如图2-77中的100、76、13、50、26、$4\times\phi14$等。

② 定位尺寸：确定机件中各简单形体相互位置的尺寸。如图2-77中的70、48、13等，其中，尺寸13既为定形尺寸又为定位尺寸。

③ 总体尺寸：确定机件总长、总宽和总高的尺寸。如图2-77中的100、76、60，其中，尺寸100、76既为定形尺寸又为总体尺寸。

④ 尺寸基准：标注定位尺寸起始面、起始点或起始线的就是尺寸基准。

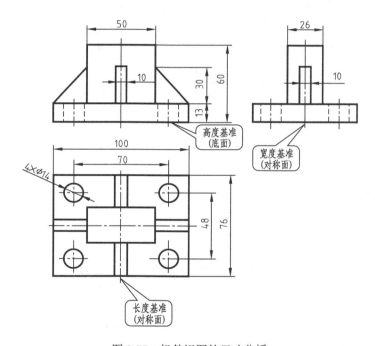

图 2-77　机件视图的尺寸分析

尺寸基准有长、宽、高三个方向。一般选择机件（或基本形体）的对称面（对称中心线）、轴线或较大的平面作为尺寸基准，如图2-77所示。

（2）机件的尺寸标注方法和步骤

方法：形体分析法。

步骤：

① 形体分析。

② 确定尺寸基准。

③ 三步法标注尺寸。

④ 检查、调整。

所谓三步法标注尺寸是指，在机械图样中从尺寸基准出发，按尺寸的功能和用途进行快速、正确标注，重要尺寸必须直接注出，使其符合设计和加工工艺要求。即第一步第一行为总体尺寸；第二步第二行为特征的定形和定位尺寸；第三步第三行为工艺结构尺寸。

如图 2-78 所示为标注轴的尺寸。首先确定标注基准，以轴肩右端面为长度方向主要尺寸基准，轴的右端面为辅助尺寸基准，以轴的中心线为径向基准。

第一步标注零件的外形尺寸，如总长 58，最大直径 $\phi28$，即最外一行标注总体尺寸；第二步标注特征的定形和定位尺寸，如 $\phi20$ 和 M20、5 和 $\phi28$、（8）和 SR5 等；第三步标注工艺结构尺寸，包括倒角、圆角、圆孔、退刀槽、砂轮越程槽等，如 R2、C1、5 和 $\phi16$，即第三行标注小的结构尺寸。

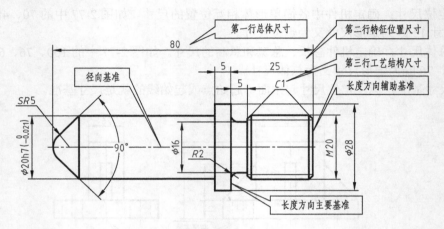

图 2-78　三步法标注尺寸

下面以如图 2-79（a）所示机件三视图的尺寸标注为例，说明机件尺寸标注的方法和步骤。

① 形体分析。如图 2-79（b）所示。

② 确定尺寸基准。如图 2-79（c）所示。

③ 三步法标注尺寸。

第一步标注零件的外形尺寸，如总长 90、总宽 66、总高 90，即最外一行标注总体尺寸，如图 2-79（d）所示；第二步标注组成机件的各简单形体的定形尺寸和定位尺寸，如图 2-79（e）中底板的定形尺寸 90、60、14，轴承孔的定形尺寸 $\phi50$、$\phi26$、50，支撑板的定位定形尺寸 7、12 等，即在第二行标注确定形体位置和形状的定位定形尺寸；第三步标注小的结构尺寸，如图 2-79（f）中底板上的圆孔定位 58、44 和定形尺寸 $2\times\phi18$ 及 R16，轴承孔上的倒角 C1 等，即第三行标注小的结构尺寸或工艺结构尺寸。

注意：三步法标注尺寸进行第二步时，应该先标定位尺寸后标定形尺寸。另外，针对组成机件的各简单形体标尺寸时，可以在第二步标注特征的定形尺寸和定位尺寸后，接着第三步标注小的结构尺寸或工艺结构尺寸。

④ 检查、调整。由于底板宽 60 加上支撑板的定位尺寸 7 等于总宽 67，根据尺寸的重要性，可将 67 去掉，如要保留则加上括弧，作为参考尺寸，如图 2-79（f）所示。

（3）尺寸的清晰布置

① 尺寸应尽量标注在视图外面，以免尺寸线、尺寸数字与视图的轮廓线相交。

② 圆柱的直径尺寸，最好注在非圆的视图上，半径尺寸标注在圆弧上，如图 2-80 所示。

③ 尽可能把尺寸标注在形体特征明显的视图上，如图 2-80 所示。

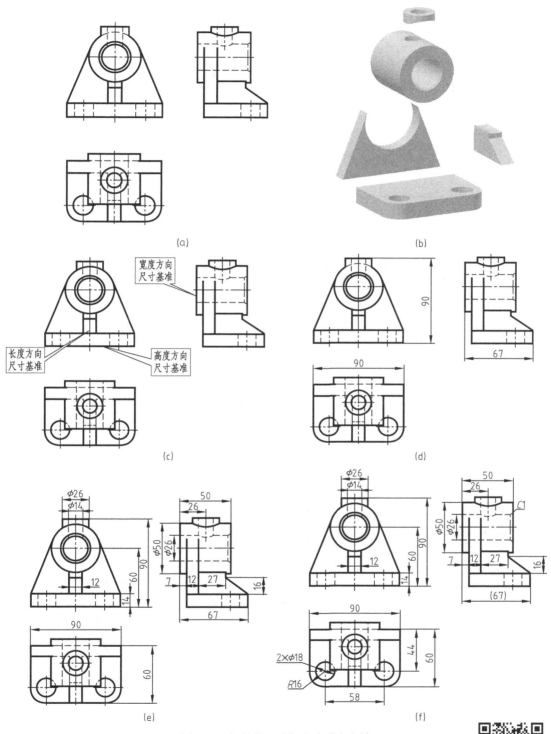

图 2-79　机件的尺寸标注步骤和方法

机件的尺寸标注

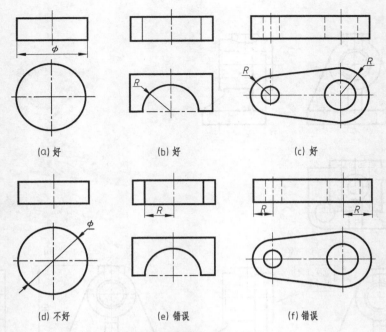

图 2-80　圆弧尺寸标注对比

④ 相互平行的尺寸，应按大小顺序排列，小尺寸在内，大尺寸在外，如图 2-81 所示。

⑤ 同一方向上的尺寸，尽量注在一条线上，如图 2-81 所示。

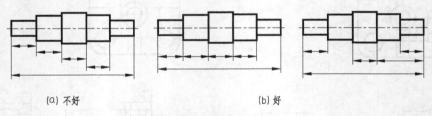

图 2-81　尺寸标注比较

⑥ 有关联的尺寸尽量集中标注，如图 2-82 所示。

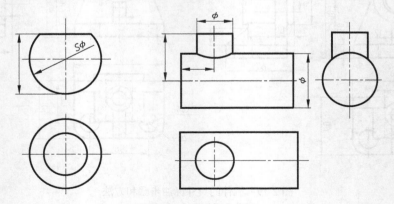

图 2-82　尺寸集中标注

【练习 2-10】　用上述方法标注图 2-83 的尺寸。

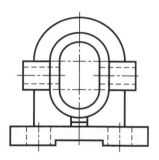
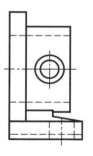
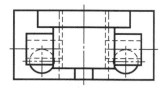

图 2-83　标注尺寸

第3章 机械图的基本表达形式

机械零件的形状各种各样，内部有孔、槽等结构，用三视图表达零件的内外形状远远不够，为了完整、清晰、简便地表达零件的内外结构，国家标准《技术制图》、《机械制图》对"图样画法"作出规定，本章介绍视图、剖视图、断面图、简化画法等表达方法。

3.1 视图

视图包括基本视图、向视图、局部视图和斜视图。视图主要表达机件的外形。

3.1.1 基本视图

国标规定以正六面体的六个面作为基本投影面。机件向各基本投影面投射所得的视图称为基本视图，如图 3-1（a）所示。基本视图除前面讲过的主视图、俯视图、左视图外，还有从右向左投射所得的右视图、从后向前投射所得的后视图、从下向上投射所得的仰视图，如图 3-1（b）所示。利用这六个基本视图，就可以清晰地表示出机件的上、下、左、右、前、后方向的不同形状。

各投影面的展开方法为正立投影面不动，其余投影面按图 3-1（b）箭头所指的方向旋转，使其与正立投影面共面，得到六个基本视图的配置关系，如图 3-2 所示。

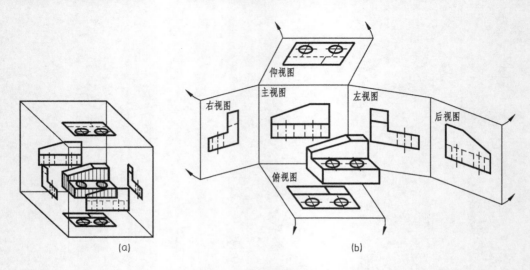

图 3-1　基本视图及展开

六个基本视图仍保持着"长对正、高平齐、宽相等"的投影关系；在方位对应关系上，除后视图外，其视图在"远离主视图"的一侧均表示物体的前面部分。在同一张图纸内按图 3-2 配置视图时，一律不标注视图名称。

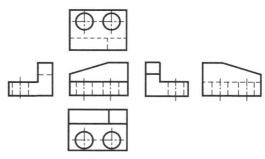

实际作图时，应根据机件的结构特点和复杂程度选用必要的基本视图。如图 3-3 所示的机件采用了四个基本视图来表达它的形状。

国标规定，绘制机械图样时，视图一般只画机件的可见部分，必要时才画出其不可见部

图 3-2　六个基本视图的配置

分。如图 3-3 所示，左视图中表示机件右面的不可见轮廓，以及右视图中表示机件左面的不可见轮廓均不画虚线；而主视图中的虚线则不能省，它表达孔的深度。

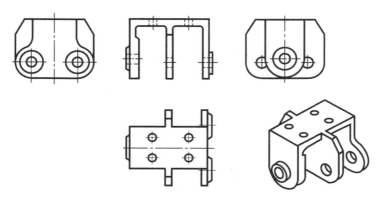

图 3-3　基本视图应用举例

【练习 3-1】 画出如图 3-4 所示机件的仰视图。

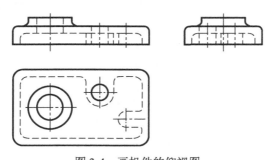

图 3-4　画机件的仰视图

基本视图

3.1.2　向视图

向视图是可以自由配置的基本视图。有时为了合理利用图纸，在同一张图纸内如果不能按如图 3-2 配置时，则应在视图上方标出视图名称"×"（× 用大写拉丁字母表示，如 *A*、*B*…），并在相应视图的附近用箭头指明投射方向，并标注相同的字母，如图 3-5 所示。

【练习 3-2】 画出如图 3-6 所示机件的 *A*、*B*、*C* 向视图。

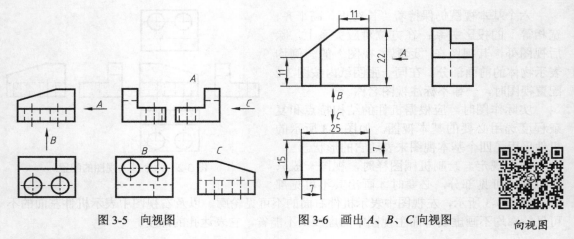

图 3-5　向视图　　　　　图 3-6　画出 *A*、*B*、*C* 向视图

向视图

3.1.3　局部视图

　　将机件的某一部分向基本投影面投射所得的视图称为局部视图。

　　局部视图用于机件在某基本投射方向有部分结构形状需要表达，但又没有必要画出整个基本视图时，可单独将该部分向基本投影面投射，画出基本视图的一部分，从而使机件的表达更为简练。如图 3-7（a）和图 3-7（b）所示，由主、俯两个视图已将机件的主要结构形状表达出来，为表达左右两侧凸台的形状及右侧肋板的厚度，只画出了表达这些部分的局部视图。

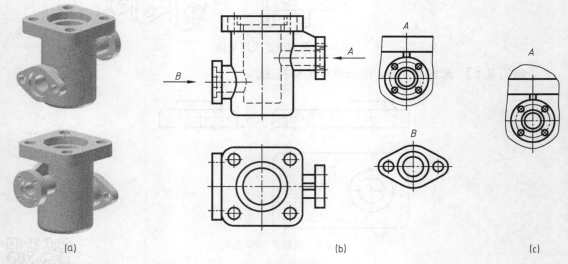

图 3-7　局部视图

　　画局部视图时应注意以下几点。

　　① 局部视图为基本视图的一部分，故画法与基本视图相同，不同之处是局部视图的范围用波浪线［如图 3-7（b）中的 *A* 视图］或双折线［如图 3-10（b）所示］画出。如果表示的局部结构是完整的，且外形轮廓又成封闭时，波浪线可省略不画，如图 3-7（b）中的 *B* 视图。

局部视图

　　② 当局部视图是为了节省绘图时间和图幅时，可将对称机件的视图只画一半或四分之一，此时应在对称中心线的两端画出两条与其垂直的平行细实线，如图 3-8 所示。

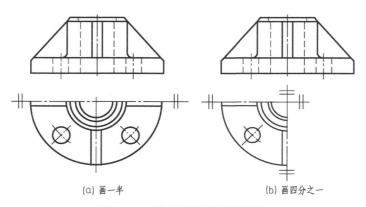

(a) 画一半　　　　　　　　　　(b) 画四分之一

图 3-8　对称机件局部视图画法

③ 画局部视图时，一般在局部视图上方标出视图名称"×"，在相应的视图附近用箭头指明投射方向，并注上同样字母"×"。当局部视图按投影关系配置，中间又没有其他图形隔开时，可省略标注。

④ 局部视图应尽量配置在箭头所指投射方向，并与原有视图保持投影关系，有时为合理布置视图，也可放在其他适当位置。

⑤ 画波浪线时，不能超出视图轮廓线，也不能画在中空处，如图 3-7（c）和图 3-9 所示。

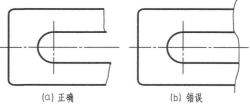

(a) 正确　　　　　　(b) 错误

图 3-9　波浪线正误画法

3.1.4　斜视图

当机件上某一部分的结构与基本投影面成倾斜位置时，无法在基本投影面上反映它的实形和标注真实尺寸，这时，可增加一个与倾斜部分平行且垂直于某一基本投影面的辅助投影面，然后将倾斜结构向此投影面投射，就得到反映倾斜结构实形的视图，如图 3-10（a）和图 3-10（b）所示。这种将机件向不平行于任何基本投影面的平面投射所得的视图称为斜视图。

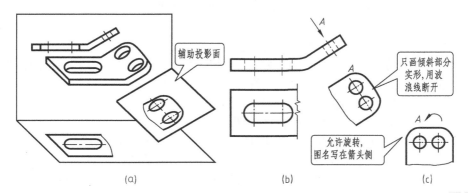

(a)　　　　　　　　　　(b)　　　　　　　　　(c)

图 3-10　斜视图

画斜视图应注意以下几点。

① 斜视图只画机件倾斜部分的实形，其余部分不必画出，而用波浪线断开，见图 3-10 中的 A 向视图，这样的斜视图常称为局部斜视图。当所表示的倾斜结构是完整的且外形轮廓又呈封闭状时，波浪线可省略不画。画图时要注意斜视图与其

斜视图

他视图间的尺寸关系。

② 画斜视图时，必须在视图上方标出视图的名称"×"，在相应的视图附近用箭头指明投射方向并注上同样的字母，如图 3-10（b）所示。注意：箭头必须与倾斜部分垂直，字母要水平书写。

③ 斜视图一般按投影关系配置，必要时也可配置在其他适当的位置。在不致引起误解时，允许将图形旋转，但需在视图上方标注旋转符号，如图 3-10（c）所示。字母靠近箭头端，符号方向为视图的旋转方向，旋转符号如图 3-11 所示。

【练习3-3】 请绘制如图 3-12 所示机件的 A 向斜视图和 B 向视图。

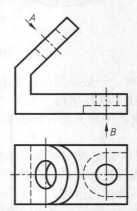

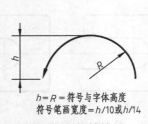

h=R=符号与字体高度
符号笔画宽度=h/10或h/14

图 3-11　旋转符号　　　　　图 3-12　绘制机件 A 向斜视图、B 向视图

3.1.5　视图的识读

识读视图时应注意以下几点。

（1）区分基本视图和向视图

基本视图不加任何标注，向视图必须标注，请对比图 3-2 与图 3-5 的区别。

（2）区分局部视图和斜视图

根据局部视图和斜视图都标注的特点，在看图时应先寻找带字母的箭头，分析所需表达的部位及投射方向，然后找出标有相同字母的"×"视图。

① 箭头的投射方向在图中如果是水平或垂直方向的，画出的是局部视图。箭头的投射方向在图中如果是倾斜的，画出的就是斜视图。

② 斜视图通常放在按箭头所指的方向，如图 3-10 中的"A"。有时为便于作图和布图，允许将斜视图转正画出，但必须加注旋转符号，如图 3-10（c）所示。

③ 局部视图有时可省略标注，如图 3-8（b）所示。

【例3-1】 识读如图 3-13 所示的机件视图。

a. 概括了解，分清视图类型。这个机件用五个视图表达，除了主、俯、左三个基本视图外，又增加了 A、B 向视图，其中 A 向是局部视图，B 向是斜视图。

b. 根据第 2 章所讲的识读机件图样的方法与步骤，构思想象机件结构形状。根据所给机件视图的外形轮廓特征，确定该机件以叠加为主而形成。

第一步：外部轮廓分形体。这是一个叠加体，主体形状是一个四棱柱叠加在圆柱形的底板上，如图 3-14（a）所示；左侧有一个水平放置的六棱柱与四棱柱相连接，前端有一个半圆柱坐在圆柱形的底板上，如图 3-14（b）所示；右侧有一个水平放置的圆柱与四棱柱相连，其中心线与六棱柱的中心线在同一条水平线上，在六棱柱的前侧面上，有一个小圆柱，如图 3-14（c）所示。

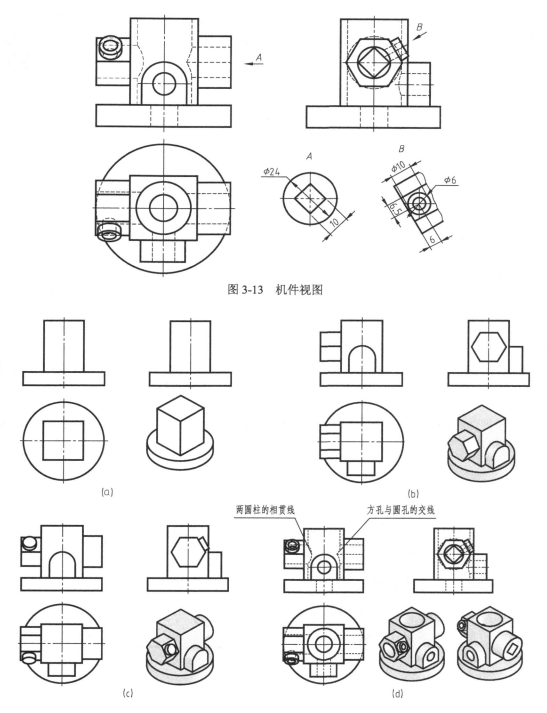

图 3-13 机件视图

图 3-14 识读方法和结果

第二步：内部轮廓找特征。在四棱柱的中心有两个圆，从主视图虚线可知是两个圆孔，大孔通到四棱柱的底面，小孔开在圆柱形的底板上，是通孔；在左侧六棱柱上有一个圆孔与四棱柱的圆孔相通；从 A 向视图可知，右侧的圆柱上开有一个方孔，也与四棱柱的圆孔相通；在六棱柱前侧面的圆柱中间开有一个圆孔，与六棱柱中的圆孔相通。

第三步：线面分析攻难点—看细节。主视图中的虚线，左边是两圆柱的相贯线，右边是方孔与圆孔的交线，交线是椭圆的一部分，如图 3-14（d）所示。

三步法读视图

3.2　剖视图

剖视图用于表达零件的内部结构，按剖切范围分为全剖视图、半剖视图、局部剖视图；按剖切方法不同分为单一剖切面（与基本投影面平行或垂直）剖切、用几个平行的剖切平面剖切、用几个相交的剖切平面剖切等，本节重点介绍剖视图表达方法。

3.2.1　剖视图的画法

（1）剖视图的概念

当只用视图表达机件的结构时，机件上不可见的内部结构形状是用细虚线表示的，如图 3-15 所示。如果机件内部结构较复杂，就会在图样上出现大量虚线，内外形重叠，虚实线交错，这样不仅图形不清晰，而且标注尺寸也不方便，给画图看图

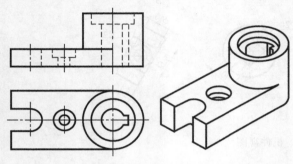

图 3-15　剖视图

也带来困难。为了清晰表达机件的内外结构形状，可采用国家标准规定的剖视图。

剖视图的形成：假想用一个剖切面剖开物体，将处在观察者和剖切平面之间的部分移去，将其余部分向投影面投射所得到图形称为剖视图，简称剖视，如图 3-16（a）所示。剖切面一般为平面，也可以采用曲面。图 3-16（b）中的主视图，是用一个与正面平行的剖切平面剖开机件而得到的。与图 3-15 比较，剖开机件后，原来不可见的部分变成可见的，因此剖视图的用途主要是表达机件的内部形状。

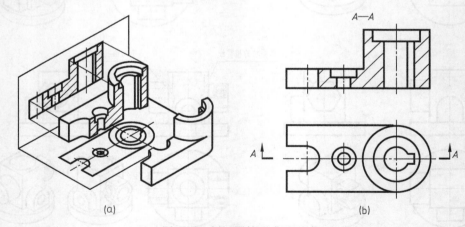

图 3-16　剖视图的形成及画法

（2）剖视图的一般画法及标注

① 剖视图的一般画法。以如图 3-17（a）所示机件为例，剖视图的画图步骤如下。

a. 确定剖切面及剖切位置。剖切面一般为平面（与基本投影面平行或垂直）或柱面，平面用得较多，用平面剖切时，平面的数量可依据机件的形状特点，选用一个或多个。为了表达机件内部的实形，剖切位置一般通过机件内部结构（孔、槽）的对称面或回转轴线，如图 3-17（b）所示。

b. 画图。用粗实线画出机件被剖切后的断面轮廓线和剖切面后面的可见轮廓线，具体步骤如图 3-17（c）和图 3-17（d）所示。

c. 画剖面符号。为了分清机件的实体和空心部分，在剖视图中，剖切面与物体的接触部分称为剖面区域，即剖切面剖到的实体部分应画上剖面符号，如图 3-17（c）～图 3-17（f）所示。国标 GB/T 17453—2005 和 GB/T 4457.5—1984 中规定了各种材料的剖面符号，如表 3-1 所示。

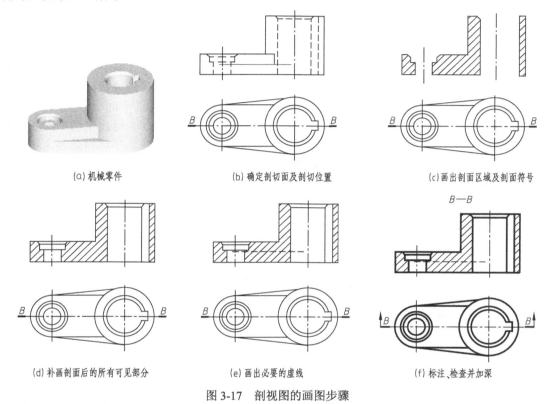

(a) 机械零件　　　　　　　(b) 确定剖切面及剖切位置　　　　　(c) 画出剖面区域及剖面符号

(d) 补画剖面后的所有可见部分　　　(e) 画出必要的虚线　　　　　(f) 标注、检查并加深

图 3-17　剖视图的画图步骤

表 3-1　剖面符号

材料名称	剖面符号	材料名称		剖面符号	材料名称	剖面符号
金属材料（已有规定符号者除外）		玻璃及观察用的其他透明材料			混凝土	
线圈绕组元件		木材	纵剖面		钢筋混凝土	
转子、电枢、变压器和电抗器等的叠钢片			横剖面		砖	
非金属材料（已有规定符号者除外）		胶合板（不分层数）			格网（筛网、过滤网）	
型砂、填砂、粉末冶金、陶瓷刀片以及硬质合金刀片等		基础周围的混凝土			液体	

如果不需要在剖面区域中表示材料类别时，可采用通用剖面线表示。通用剖面线应以适当角度的细实线绘制，最好与主要轮廓线或剖面区域的对称线成45°角，同一机件的各个剖面区域，其剖面线应保持方向、间隔一致。当图形的主要轮廓线与水平线成45°或接近45°时，则剖面线应改画成与水平方向成30°或60°的平行线，但倾斜方向和间隙仍应与同一机件其他图形的剖面线一致。

② 剖视图的配置及标注。剖视图一般按投射方向配置，但也可以配置在图纸的其他位置。标注的目的是帮助看图的人判断剖切位置和剖切后的投射方向，便于找出各视图间的对应关系，以便尽快看懂视图。

标注内容如下 [如图 3-17（f）所示]。

a. 剖视图名称。在剖视图上方用大写拉丁字母或阿拉伯数字标出剖视图的名称"×—×"。如果在同一张图上同时有几个剖视图，则其名称应按字母顺序排列，不得重复。

b. 剖切平面位置。用剖切线和剖切符号表示。剖切线是表示剖切平面位置的细点画线，一般省略不画。在与剖视图相对应的视图上，用剖切符号（粗短画线）标出剖切面的起、迄和转折位置，剖切符号尽可能不与图形的轮廓线相交，并在它的起、迄和转折处标上相应的字母"×"，但当转折处位置有限又不致引起误解时，允许省略标注。

c. 投射方向。在剖切符号两端处用箭头表示投射方向，箭头与剖切符号垂直。

标注可省略或简化的情况：当剖视图按投影关系配置，中间无其他图形隔开时，可省略箭头。当单一剖切平面通过机件的对称面，且剖视图按投影关系配置，中间又无其他图形隔开时，可省略标注。图 3-17（f）中的剖切符号、剖视图名称和箭头均可省略。

③ 画剖视图时注意的问题

a. 剖视图是一种假想画法，当一个视图为剖视时，其他视图仍按完整机件画出，如图 3-18 所示。

b. 对已表达清楚的内部结构，在剖视图及其他视图中应省略该结构对应的虚线。没有表达清楚的结构，虚线则不能少，如图 3-17（e）和图 3-17（f）所示。

c. 剖切平面后的可见轮廓线应全部画出，不能遗漏，如图 3-18 所示。

d. 剖视图的配置与基本视图相同，必要时可放在其他位置，但需标注清楚。

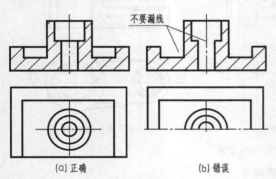

图 3-18　剖视图是一种假想画法

【练习 3-4】　补画如图 3-19 所示机件主视图中漏画的线条。

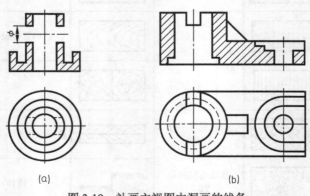

图 3-19　补画主视图中漏画的线条

剖视图的形成、
画法及标注

3.2.2　剖视图的种类

（1）剖切面的种类

根据机件的结构特点，可选择以下剖切面剖开机件：单一剖切面、几个平行的剖切平面和几个相交的剖切面（交线垂直于某一投影面）。

① 单一剖切面。用一个剖切面剖切机件称为单一剖切面。如图 3-16 和图 3-17 中所示的剖视图均为单一剖切平面剖得，此两图中的剖切平面均平行于某一基本投影面。

当机件上有倾斜部分的内部结构形状需要表达时，用一个平行于倾斜结构的剖切平面剖开机件，向与剖切平面平行的辅助投影面投射，这种剖切方法称为斜剖视图，如图 3-20 中 *B—B* 剖视图所示。用这种剖切方法得到的剖视图是斜置的，标注的字母必须水平书写。为读图、画图方便，斜剖视图一般按投影关系配置，也可平移到其他位置。在不致引起误解的情况下，允许将斜剖视图旋转，如图 3-20（c）所示，此时，必须标注旋转符号，旋转符号的画法如图 3-11 所示，剖视图名称写在箭头一侧。

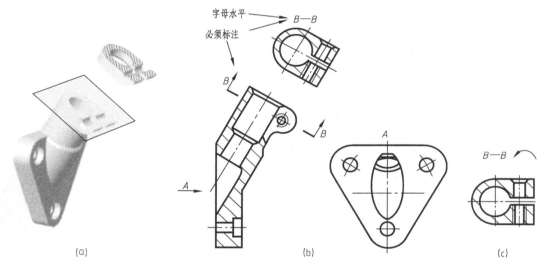

图 3-20　斜剖的画法

在单一剖切面中，单一剖切面也可以用柱面，但所画的剖视图需展开绘制，其画法和标注如图 3-21 所示，标注的字母后边加注"展开"。

② 几个平行的剖切平面。当机件内部结构的对称中心线或轴线互相平行而又不在同一平面时，可采用几个平行的剖切平面剖切机件，这种剖切方法称为阶梯剖。如图 3-22（a）所示，为了表达机件上处于不同位置的孔和槽，采用两个互相平行的剖切平面作阶梯剖，然后画出 *A—A* 剖视图，如图 3-22（b）所示。

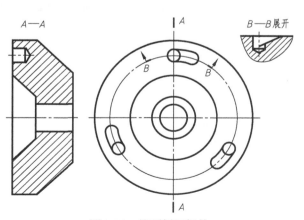

图 3-21　柱面剖切机件

用几个平行的剖切平面剖切机件画剖视图时应注意以下几点。

a. 按单一剖切平面剖开机件画图，不画剖切平面转折处交线的投影，如图 3-22（c）所示。剖切平面转折处也不能与轮廓线重合，如图 3-22（e）所示。

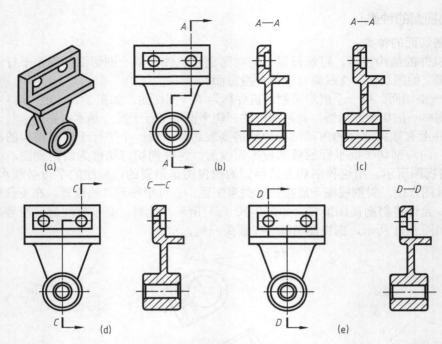

图 3-22　两个平行的剖切平面剖切

b. 剖视图内不应出现不完整要素，如图 3-22（d）所示。仅当两个要素在图形上具有公共对称中心线或轴线时，可以各画一半，此时应以对称中心线或轴线为界，如图 3-23 所示。

阶梯剖的标注：阶梯剖必须按规定进行标注，即在起、迄、转折处画出剖切符号，并注上字母"×"，用箭头指明投射方向，在相应剖视图上方标注相同字母"×—×"，如图 3-23（b）所示字母 A 及 A—A。当转折处位置有限时，允许省略字母。

阶梯剖视图

应用：机件上孔或槽的轴线或中心线处在两个或两个以上相互平行的平面内。

③ 几个相交的剖切面（交线垂直于某一基本投影面）。用几个相交的剖切平面（交线垂直于某一基本投影面）剖切机件，这种剖切方法称为旋转剖，如图 3-24 所示。

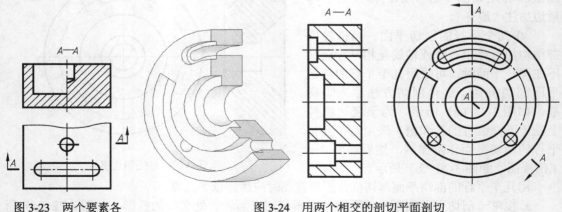

图 3-23　两个要素各
画一半

图 3-24　用两个相交的剖切平面剖切

采用几个相交的剖切面剖切机件画剖视图时，先假想按剖切位置剖开机件，然后将剖面区域及有关结构绕剖切面的交线旋转到与选定的投影面平行后再进行投射。

画图时应注意以下几点。

a. 在剖切面后的其他结构一般仍按原来位置投影，如图 3-25 中油孔的投影。在 A—A 中有一个十字肋板，由于剖切平面纵向剖切肋板（剖切平面平行于肋板的特征面）时，国标规定在剖面区域内不画剖面符号，而用粗实线把肋板与其邻接部分分开，因此俯视图中有两块肋板剖面没有画剖面符号。

b. 当剖切后产生不完整要素时，应将此部分按不剖绘制，如图 3-26 所示。

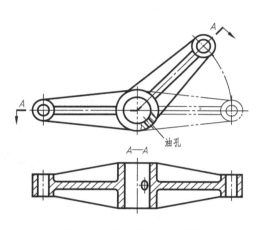

图 3-25　剖切面后的结构图

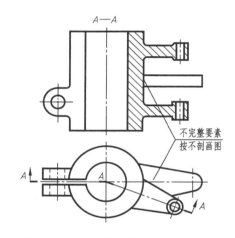

图 3-26　剖切后产生的不完整要素结构

旋转剖必须按规定进行标注，即在起、迄、转折处画出剖切符号，并注上字母"×"，用箭头指明投射方向，在相应剖视图上方标注相同字母"×—×"，如图 3-24 所示字母 A 及 A—A。当转折处位置有限时允许省略字母，如图 3-25 所示。

旋转剖用于盘盖类零件或有明显回转中心的零件，用来表达其上分布的孔、槽等结构形状。

用几个相交的剖切面（交线垂直于某一基本投影面）剖切机件时，这几个相交的剖切面可以是平面，也可以是柱面，如图 3-27 所示。

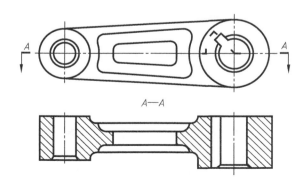

图 3-27　相交剖切面中可以有柱面

旋转剖还可以采用展开画法，此时应标注"×—×展开"，如图 3-28 所示 A—A 展开。

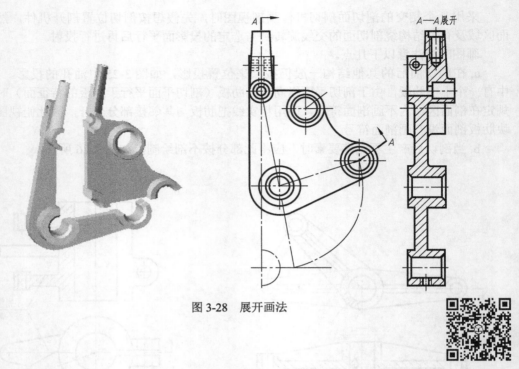

图 3-28　展开画法

旋转剖视图

【练习 3-5】　将如图 3-29 所示机件的主视图改为阶梯剖，如图 3-30 所示机件图改为旋转剖。

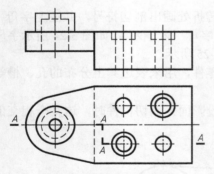

图 3-29　改画阶梯剖视图

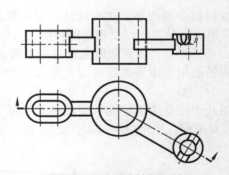

图 3-30　改画旋转剖视图

（2）剖视图的分类

按剖切面剖开机件范围的不同情况，分为全剖视图、半剖视图、局部剖视图。

① 全剖视图。用剖切面完全地剖开机件所得的剖视图称为全剖视图，简称全剖。图 3-16～图 3-28 中所给出的剖视图都是全剖视图。

全剖应按规定进行标注。当剖视图按规定的投影关系配置时，可省略表示投射方向的箭头，图 3-16 和图 3-17 中表示投射方向的箭头均可省略。当平行于基本投影面的单一剖切平面通过机件的对称面剖切机件，且剖视图按投影关系配置而中间无其他图形隔开时，可省略标注。图 3-16 和图 3-17 中的标注均可省略。

全剖视图一般用于表达外部形状简单、内部形状复杂的机件。

② 半剖视图。当机件具有对称平面时，向垂直于对称面的投影面上投射所得的视图，

可以对称中心线为界，一半画剖视用来表达机件内部结构，另一半画成视图用来表达外形，这种合起来的图形称为半剖视图，简称半剖。如图 3-31 所示机件，左右对称，因此主视图采用以左右对称线为界，剖切右半部分；俯视图采用以前后对称线为界，剖切前半部分来表达。这样的表达方法既可以表达机件的内部结构形状，又可以兼顾表达机件的外部结构形状。

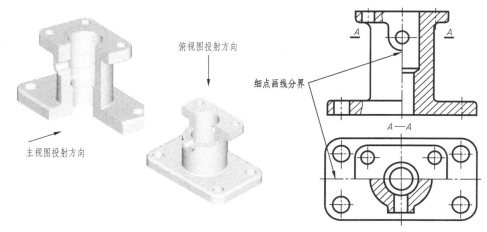

图 3-31　半剖视图

画半剖视图时应注意以下几点。

a. 半剖视图中视图与剖视两部分的分界线，用细点画线绘制。

b. 由于未剖部分的内形已由剖开部分表达清楚，因此表达未剖开部分内形的虚线可省略不画，但没有表达清楚的则不能省略。

c. 如果机件的轮廓线与分界线重合，则不能用半剖视图表达，只能采用局部剖视（参考图 3-41），如图 3-32 所示。

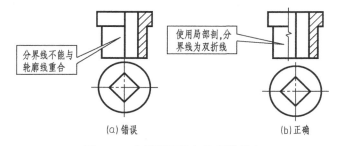

图 3-32　分界线不能与轮廓线重合

　　标注：半剖视图的标注方法和省略原则与全剖完全相同，如图 3-31 所示。当半剖视图按投影关系配置，中间又没有其他图形隔开时，可省略标注投射方向的箭头，如图 3-31 所示，主视图省略标注，俯视图 A—A 剖省略表示投射方向的箭头。

　　应用：对称机件内外形都需要表达，或机件的形状接近于对称，且不对称部分已有图形表达清楚时，可以画成半剖视图。如图 3-33 所示机件结构形状接近于对称，其不对称部分的形状特征已由俯视图表达清楚，故用两个互相平行的平面剖切机件得到半剖视图。

　　如图 3-34 所示为用两个相交的平面剖切机件得到的半剖视图。

半剖视图

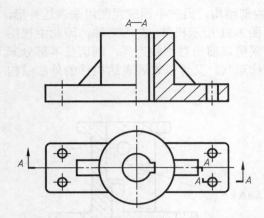

图 3-33　两平行平面剖切形成的半剖视图

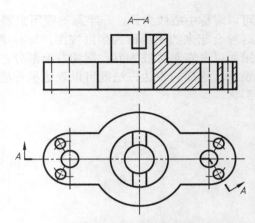

图 3-34　两相交平面剖切形成的半剖视图

【练习 3-6】　将如图 3-35 和图 3-36 所示中的主视图改为半剖视图，并画出全剖左视图。

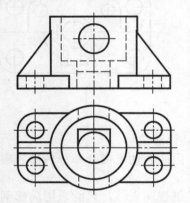

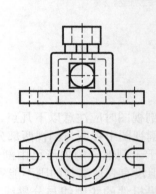

图 3-35　主视图改画成半剖视图并画全剖左视图（一）　图 3-36　主视图改画成半剖视图并画全剖左视图（二）

③ 局部剖视图。用剖切面局部地剖开机件所得的剖视图称为局部剖视图，简称局部剖，如图 3-37 所示。

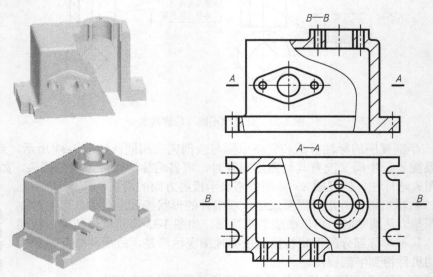

图 3-37　局部剖视图

画局部剖视图时应注意以下几点。

a. 局部剖视图是剖视与视图组合而成，剖切部分和未剖切部分之间用波浪线分界，也可以用双折线。剖切范围的大小，以能够完整反映形体内部形状为准。

b. 波浪线不应和其他图线重合或在其延长线上，如图 3-38 所示。波浪线不得超出轮廓线，不得穿空而过，如图 3-39 所示。

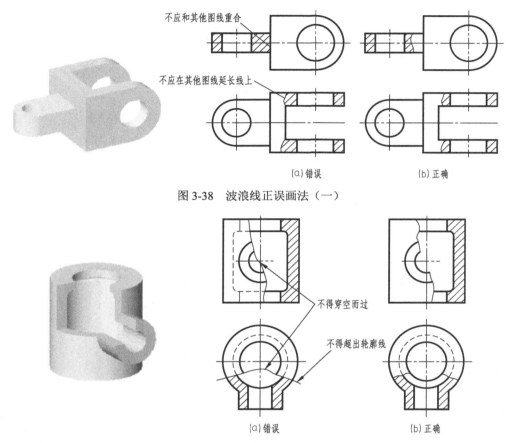

图 3-38　波浪线正误画法（一）

图 3-39　波浪线正误画法（二）

c. 当被剖结构为回转体时，允许将该结构的中心线作为局部剖视与视图的分界线，如图 3-40 所示。

标注：局部剖视图一般按规定标注，但当用一个平面剖切且剖切位置明显时，局部剖视图的标注可省略。

局部剖不受形体是否对称的限制，剖在什么位置和剖切范围的大小可根据需要确定，既能表达机件内形又能表达机件外形，是一种比较灵活的表达方法，常用于以下几种情况。

a. 机件只有局部内部结构形状需要表达，而不必采用或不宜采用全剖时，如图 3-37、图 3-38（b）、图 3-39（b）所示。

b. 不对称机件的内外形均需要表达，如图 3-37 所示。

c. 对称机件的轮廓线与中心线重合，不宜采用全剖或半剖视图表达的情况，如图 3-41 所示。

d. 表达机件上底板、凸缘上的小孔及轴类零件上的孔、凹槽等结构，如图 3-31 所示主视图中左边的小孔，图 3-37 主视图所示的半圆槽。

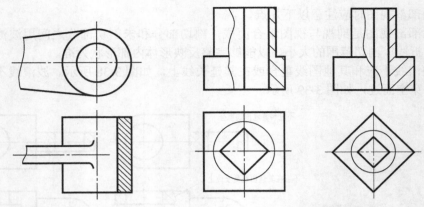

图 3-40　中心线作分界线　　　　　图 3-41　中心线与轮廓线重合

　　阶梯剖和旋转剖也可以画成局部剖，如图 3-42 所示局部剖 *A—A* 为采用两个相交平面剖切机件得到的，如图 3-43 所示局部剖 *B—B* 为采用两个平行平面剖切机件得到的。

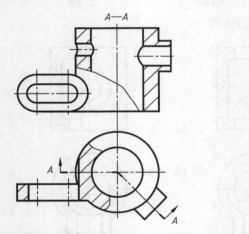

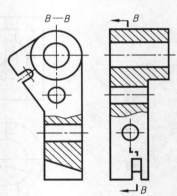

图 3-42　两相交平面剖切形成的局部剖视图　　图 3-43　两平行平面剖切形成的局部剖视图

【练习 3-7】将图 3-44 和图 3-45 所示机件的主、俯视图改画为局部剖视。　　局部剖视图

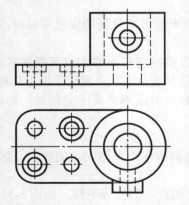

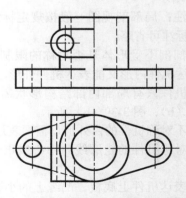

图 3-44　将主、俯视图改为局部剖视图（一）　　图 3-45　将主、俯视图改为局部剖视图（二）

3.2.3　剖视图的识读

剖视图的识读仍然采用三步法，第一步：外部轮廓分形体——分形体、抓特征、看外形；第二步：内部轮廓找特征——找位置、识标注、看内部，线面分析攻难点——看细节；第三步：综合内、外形状，想总体。

识读剖视图时应注意以下几点。

（1）剖视图的形成

剖视图是一种假想将零件剖开的表达方法，目的是把零件的内部结构形状表达得更清楚，所以在其他视图中零件仍按完整的形状画出，如图 3-18 所示。

（2）看懂剖视图的分类和剖切方法类型

首先看剖视图的分类是全剖、半剖还是局部剖，找到剖切部位，再由剖切线上标注的字母找到对应的视图；若剖视图中没有作任何标注，那就说明该剖视图是通过零件的对称面进行剖切的，由此确定剖视图的剖切方法和种类。主要应抓住剖切位置这个特点，通过剖面符号（剖面线），辨虚实。

① 单一剖切面的全剖。对于外形简单、内部结构复杂的不对称机件，剖切位置一般通过内部结构的对称面或内部回转面的轴线；而外形简单的对称机件，剖切位置是通过零件的对称面。

② 斜剖。表达零件上倾斜结构的内形，剖切位置与任何基本投影面都不平行，根据标注即可确定。

③阶梯剖。剖切面由几个平行的剖切平面组成，根据标注即可确定。

④ 旋转剖。剖切面由几个相交的剖切平面组成，根据标注即可确定。

⑤ 半剖。因为半剖的标注与全剖相同，所以要将剖切位置和剖视图联系起来，从而确定。半剖视图是一个一半表达内形、另一半表示外形的组合图形，且表达外形的部分没有虚线，表示内形的部分缺少部分外形轮廓线。

⑥ 局部剖。局部剖画在视图里，用波浪线与视图分界，且画有剖面符号，由此即可确定。

（3）根据剖面符号（剖面线）来识读

根据剖面符号（剖面线）可区分零件哪部分是实心的，哪部分是空心的，凡画有剖面符号的表示是剖切到的地方，为零件的实心部分；反之则说明没有剖到，为空心部分。它表示零件上孔槽或零件后面部分的形状，至于这些孔和槽的形状完全可以利用对投影（线条）的方法来看出。

【例 3-2】　识读如图 3-46 所示的阀盖视图。

首先概括了解，阀盖用三个视图表达，主视图采用全剖视图，左视图采用半剖视图，是一个叠加类型的箱体类零件。可采用读图三步法看懂视图的内外形状。

a. 分形体、找特征、看外部轮廓。这是一个叠加体，主体形状是：底部有一个长方形的板，板的上面有一个半圆柱，最上面有一个菱形板，在菱形板和半圆柱之间有一个圆柱相连，如图 3-47（a）～图 3-47（d）所示。

b. 找位置、识标注、看内部。主视图采用全剖视图，剖切位置是阀体的前后对称平面 $A—A$，如图 3-48（a）所示；从剖视图可知，在半圆柱的内部有一个半径 $R44$ 的半圆孔，宽 60，以中心两侧对称（左视图）；在菱形板的中心开有一垂直的阶梯孔，与 $R44$ 半圆孔相通，两侧各有一个 $\phi15$ 的孔，如图 3-47（e）和图 3-47（f）所示；阀体的前后对称，左视图采用半剖视图，剖切位置是主视图的中心线，表达半圆孔的壁厚，可省略不标注，如图 3-48（b）所示；在底板上有 6 个 $\phi14$ 的孔，如图 3-47（f）所示。

c.综合内、外形状想总体。从内、外形状可以想象出阀体的形状。

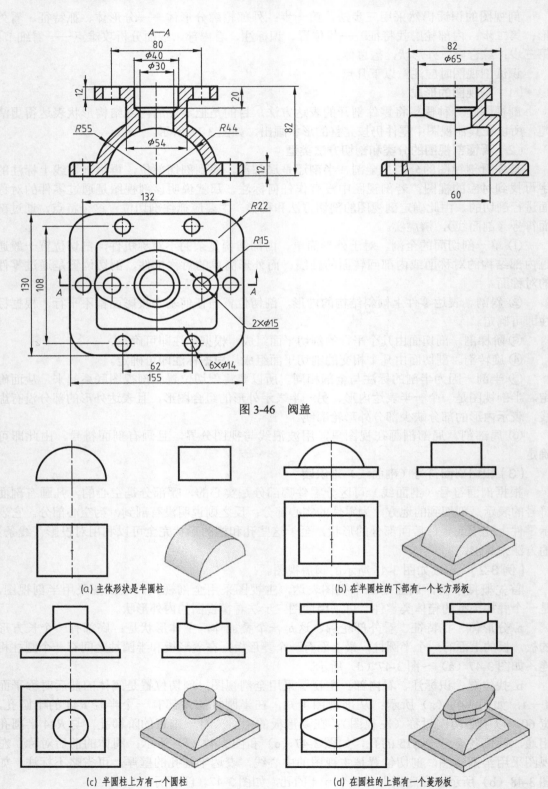

图 3-46　阀盖

(a) 主体形状是半圆柱

(b) 在半圆柱的下部有一个长方形板

(c) 半圆柱上方有一个圆柱

(d) 在圆柱的上部有一个菱形板

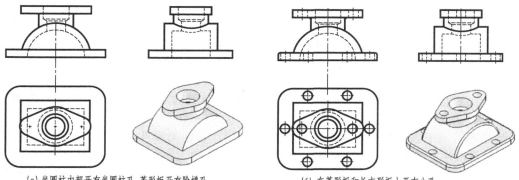

(e) 半圆柱内部开有半圆柱孔,菱形板开有阶梯孔　　　　(f) 在菱形板和长方形板上开有小孔

图 3-47　识读阀体内、外形状

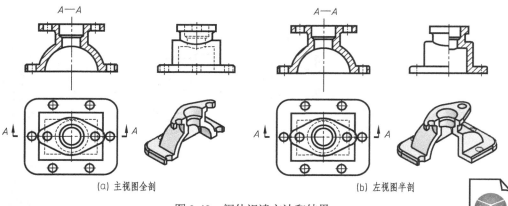

(a) 主视图全剖　　　　　　　　　　　　　(b) 左视图半剖

图 3-48　阀体识读方法和结果

【练习 3-8】 识读如图 3-49 所示支座的形状和结构。

读阀体剖视图
（.x_t 文件）

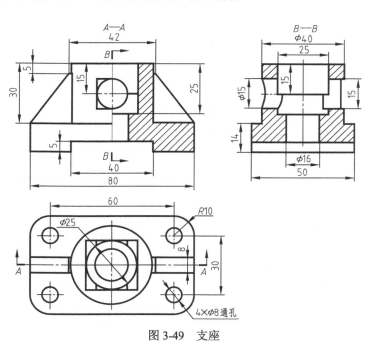

图 3-49　支座

3.3　断面图

有些零件上的孔、槽等结构，采用视图和剖视都表达不清楚时，可用断面图画法。如图 3-50（a）所示的轴，其上面的键槽和销孔没有必要利用视图和剖视图表达，这时可以假想在键槽和销孔的部位，各用一个剖切平面将轴剖切开，然后只画出剖切平面切到的形状并加上剖面符号，就能表示出键槽和销孔的详细结构形状，这种图叫做断面图，如图 3-50（b）所示。

断面图常用于表达机件上某个部位的断面形状，如轴类零件上的孔、键槽等局部结构形状，以及机件上的肋板、轮辐及杆件、型材的断面形状。

断面图与剖视图不同，断面图只画机件剖切处的断面形状；而剖视除了画出断面形状外，还要画出剖切平面后面其余可见部分的投影，如图 3-50（c）所示。

断面图按其放置的位置不同分为移出断面图和重合断面图，通常也简称为移出断面和重合断面。

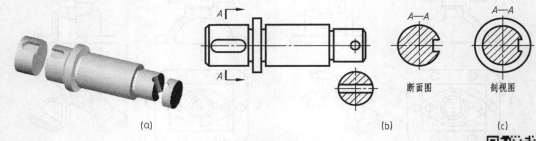

图 3-50　断面图的概念

3.3.1　移出断面图

画在零件视图轮廓线之外的断面图称为移出断面图。

（1）移出断面图的画法及配置

① 根据零件的视图，选择剖切平面的剖切位置，这个位置就是零件上需要表达的局部断面形状，如孔、槽及形状多变的部分。

② 将剖切平面切到的断面形状，按箭头方向旋转到和图面平行的位置，画出它的断面图，如图 3-51 所示。

③ 移出断面的轮廓线用粗实线绘制，断面上画剖面符号。

（2）移出断面图的配置

移出断面图通常配置在剖切符号或剖切线的延长线上，如图 3-52（a）所示。断面图形对称时也可画在视图的中断处，如图 3-52（b）所示。必要时可将移出断面配置在其他适当的位置，如图 3-52（c）和图 3-52（d）所示。

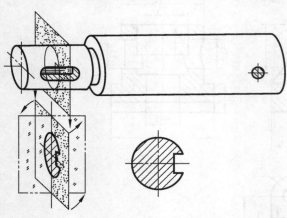

图 3-51　移出断面图

画图注意事项如下。

① 当剖切平面通过回转面形成的孔或凹坑的轴线时，或者通过非圆孔会导致出现完全分离的两个断面图时，这些结构应按剖视绘制，如图 3-52（e）～图 3-52（g）所示。

② 由两个或多个相交的剖切平面剖切得出的移出断面图，中间一般应断开，如图 3-52（h）所示。

③ 剖切平面应垂直于要表达机件部分的轮廓线，如图 3-52（h）所示。

（3）剖切位置与断面图的标注

① 移出断面图一般应用剖切符号表示剖切位置和投射方向，并注上字母，在断面图上方用同样的字母标出相应的名称"×—×"，如图 3-52（c）和图 3-52（g）所示。

② 配置在剖切符号延长线上的不对称断面图，可省略字母，如图 3-52（a）所示。不配置在剖切线延长线上的对称断面图，以及按投影关系配置的不对称移出断面，可省略箭头，如图 3-52（d）～图 3-52（f）所示。

③ 配置在剖切平面延长线上的对称移出断面以及配置在视图中断处的对称移出断面，均不必标注，如图 3-52（a）、图 3-52（b）、图 3-52（h）所示。

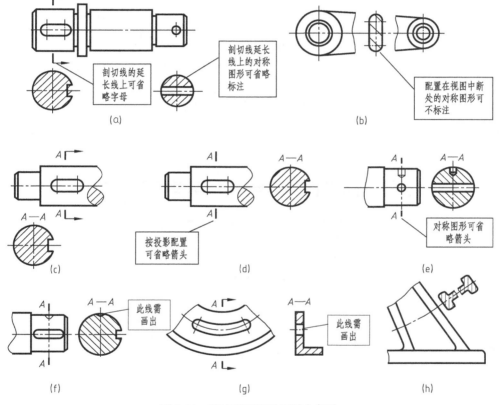

图 3-52　移出断面图的画法与标注

3.3.2　重合断面图

画在视图轮廓线之内的断面称为重合断面图，如图 3-53 所示。

（1）重合断面图的画法

重合断面画在视图轮廓线之内，用细实线绘制。当视图中的轮廓线与重合断面的图形重叠时，视图中的轮廓线仍连续画出，不可间断，如图 3-53（b）所示。

（2）重合断面图的标注

对称的重合断面图省略标注，如图 3-53（a）所示。

不对称重合断面图，应标注剖切符号和投射方向，如图 3-53（b）所示。

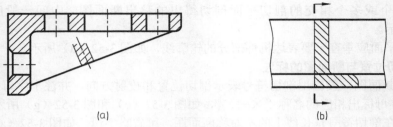

图 3-53　重合断面图

重合断面适用于机件断面形状简单、不影响视图清晰的情况下。

具体作图时，可根据图纸布局和表达的方便程度，选择合适的断面图，如图 3-54 所示机件中的肋板，既可以采用移出断面，也可以采用重合断面，只是图线及画的位置不同。

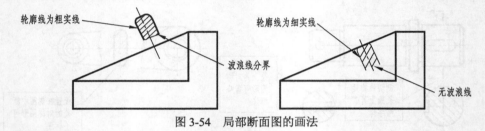

图 3-54　局部断面图的画法

【练习 3-9】　画出如图 3-55 所示机件的 A—A、B—B、C—C 的断面图。

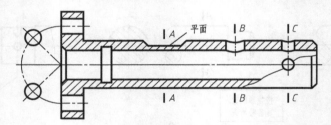

图 3-55　画出断面图

3.3.3　断面图的识读

断面图的识读仍然采用三步法，第一步：外部轮廓分形体——分形体、抓特征，看外形；第二步：内部轮廓找特征——找位置、识标注，看内部，线面分析攻难点——看细节；第三步：综合内、外形状想总体。

识读时，按照剖切位置及字母找对应的断面图，同时还要注意以下两点。

① 当剖切平面通过非圆孔会导致出现完全分离的两个断面图时，则这些结构按剖视绘制。

② 剖切平面通过回转面形成的孔或凹坑的轴线时，这些结构按剖视绘制。

【例 3-3】　识读如图 3-56 所示的摆杆视图。

首先概括了解，摆杆是一个叉架类零件，用一个主视图和左视图，外加一个斜视图和三个移出断面图表达，主视图主要表达摆杆的外形，同时采用一个局部剖视；左视图采用全剖视，D 向斜视图给出了该断面的形状，三个断面图给出连接两圆柱的肋板形状。

a. 分形体、找特征、看外部轮廓。这是一个叠加体，主体形状是一个圆柱，如图 3-57（a）所示；中间有一个丁字形的肋板，形状如图 3-57（b）主视图所示；右边有一个垂直放置的圆柱与肋板相连，如图 3-57（c）所示；在肋板的对称面上有一个倾斜放置的圆柱，其端面形状如 D 向所示，如图 3-57（d）所示；在左边有一个弧形的板，如图 3-57（e）所示。

　　在水平和垂直放置的圆柱中各开有一个通孔，倾斜放置的圆柱中开有一个小孔与水平圆柱中的孔相通，如图 3-57（f）所示。

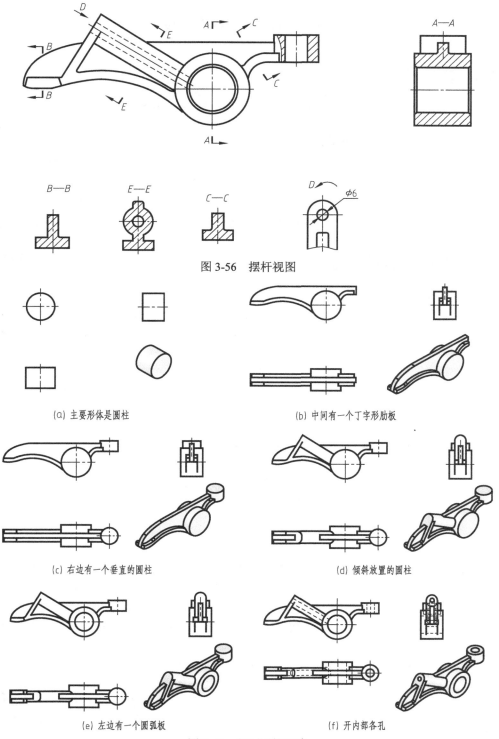

图 3-56　摆杆视图

（a）主要形体是圆柱　　　　　　（b）中间有一个丁字形肋板

（c）右边有一个垂直的圆柱　　　　（d）倾斜放置的圆柱

（e）左边有一个圆弧板　　　　　　（f）开内部各孔

图 3-57　断面图的识读

　　b. 找位置、识标注、看内部。主视图主要表达摆杆的外形和各部形体的位置，采用局部剖视图反映垂直孔是通的；左视图采用全剖视图，剖切位置是主视图中圆柱的中心线，如图 3-58（a）所示。其余用一个向视图和三个断面视图表达。

　　c. 综合内、外形状想总体。从内、外形状可以想象出摆杆的形状，如图 3-58 所示。

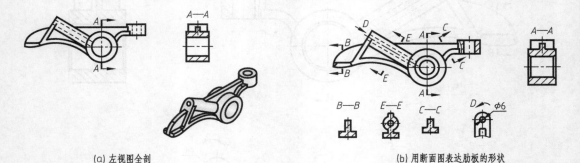

（a）左视图全剖　　　　　　　　　　　　　　　　　（b）用断面图表达肋板的形状

图 3-58　摆杆的表达

摆杆（.x_t 文件）

3.4　其他表达方法

3.4.1　局部放大图

　　机件上某些细小结构，在视图上常常由于图形过小而表达不清楚，并给标注尺寸带来困难，为此，常用局部放大图来表达。将机件的部分结构，用大于原图的比例画出的图形称为局部放大图，如图 3-59 所示的 Ⅰ、Ⅱ 两处。

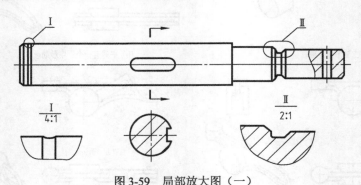

图 3-59　局部放大图（一）

　　局部放大图可画成视图、剖视图或断面图，它与被放大部分的表达方法无关，如图 3-59 中的 Ⅱ，局部放大图用剖视表达。局部放大图应尽量配置在被放大部位的附近。

　　绘制局部放大图时，应用细实线圆或长椭圆圈出机件上被放大的部位。当同一机件上有几处被放大的部分时，必须用罗马数字依次表明被放大的部位，并在相应的局部放大图上标出相应罗马数字和采用的比例，如图 3-59 所示。当机件上被放大部分仅一处时，在局部放大图上方只需注明所采用的比例即可。

　　同一机件上不同部位的局部放大图，当图形相同或对称时，只需要画出一个，如图 3-60 所示。

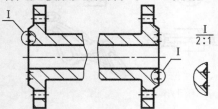

图 3-60　局部放大图（二）

局部放大图

3.4.2　简化表示法

① 当机件具有若干相同结构（如齿、槽等），并按一定规律分布时，只需画出几个完整的结构，其余用细实线连接，注明该结构的总数，如图 3-61 所示。

② 若干个直径相同且成规律分布的孔（圆孔、螺孔、沉孔等），可以画出一个或几个，其余用细点画线表示其中心位置，在零件图中应注明孔的总数，如图 3-62 所示。

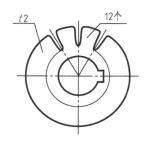

图 3-61　均布槽的简化画法

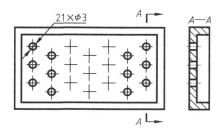

图 3-62　均布孔的简化画法

③ 在不致引起误解时，过渡线、相贯线允许简化，如可用圆弧或直线代替非圆曲线，如图 3-63 所示。

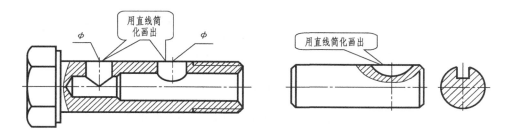

图 3-63　相贯线的简化

④ 机件上对称结构的局部视图，如键槽、方孔等可按如图 3-64 所示的方法表示。

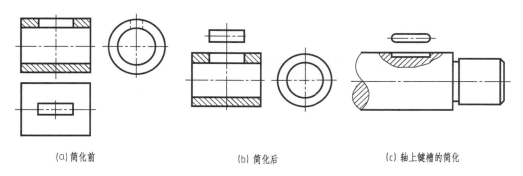

(a) 简化前　　　　　　　(b) 简化后　　　　　　　(c) 轴上键槽的简化

图 3-64　对称结构的局部视图简化

⑤ 在需要表示位于剖切平面前的结构时，这些结构按假想投影的轮廓线（细双点画线）绘制，如图 3-65 所示。

⑥ 与投影面倾斜角度 ≤ 30°的圆或圆弧，其投影可用圆或圆弧代替，如图 3-66 所示。

⑦ 机件上较小的结构，如在一个图形中已表示清楚时，其他图形可简化或省略，如图 3-67 所示。

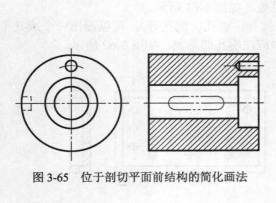

图 3-65　位于剖切平面前结构的简化画法

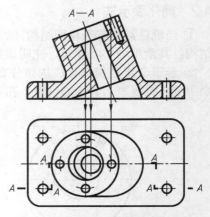

图 3-66　≤ 30°倾斜圆的简化画法

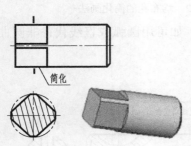

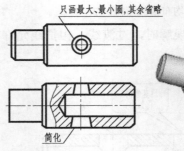

图 3-67　较小结构的简化

⑧ 在不致引起误解时，零件图中的小圆角、锐边的小倒圆或 45°小倒角允许省略不画，但必须注明尺寸或在技术要求中加以说明，如图 3-68 所示。

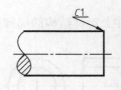

图 3-68　小圆角、小倒圆、45°小倒角的简化表示

⑨ 网状物或机件上的滚花部分，可用细实线示意画出，并在图上或技术要求中注明这些结构的具体要求，如图 3-69 所示。

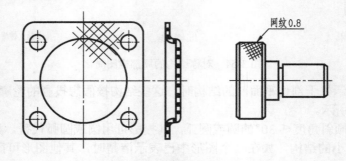

图 3-69　网状物及滚花的画法

⑩ 对于机件上的肋、轮辐及薄壁等，如按纵向剖切，这些结构都不画剖面符号，而用粗实线将它与其邻接部分分开；如按横向剖切，则这些结构仍应画出剖面符号，如图3-70～图3-72 所示。

⑪ 当零件回转体上均匀分布的肋、轮辐、孔等结构不处于剖切平面上时，可假想将这些结构旋转到剖切平面上画出，如图 3-70（a）、图 3-71、图 3-73 所示。符合此条件的肋和轮辐，无论它的数量为奇数还是偶数，在与回转轴平行的投影面上的投影，这些结构一律按对称形式画出，其分布情况由垂直于回转轴的视图表明。

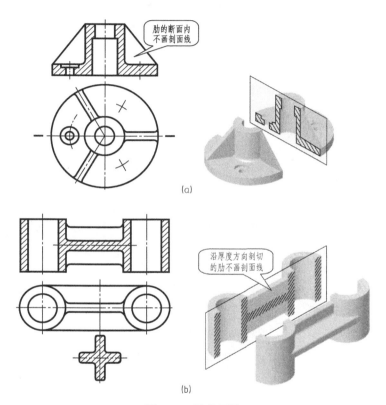

图 3-70　肋的画法

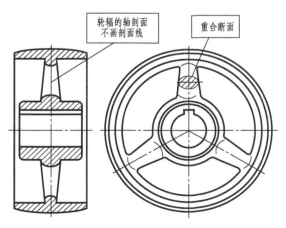

图 3-71　轮辐的画法

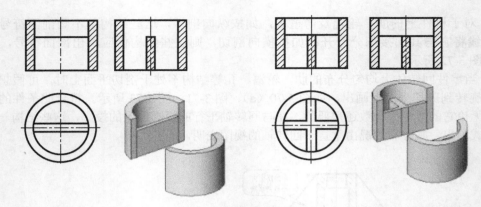

图 3-72　薄壁零件画法

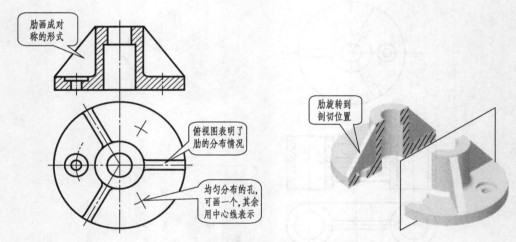

图 3-73　肋、均匀分布的孔简化画法

⑫ 当不能充分表达回转体零件表面上的平面时，可用平面符号"╳"表示，如图 3-74 所示。

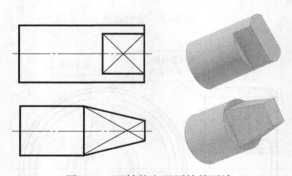

图 3-74　回转体上平面符号画法

⑬ 圆柱形法兰和类似零件，对于其端面上均匀分布的孔，如只需表示数量和分布情况时，可按如图 3-75 所示的方式画出。

⑭ 在剖视图的剖面区域内可再作一次局部剖，采用这种表达方法时，两个剖面区域的剖面线应同方向、同间隔，但要互相错开，并用引出线标注其名称，如图 3-76 所示。

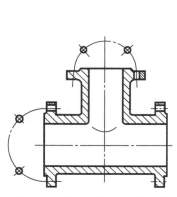

图 3-75　法兰上均布孔的画法

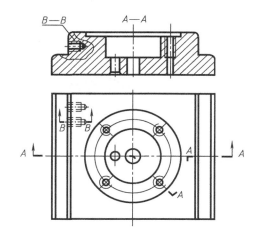

图 3-76　剖面区域内作局部剖

⑮ 斜度不大结构，如在一个图形中已经表示清楚，其他图形可以只按小端画出，如图 3-77 所示。

⑯ 对较长的机件沿长度方向的形状一致或一定规律变化时，例如轴、杆、型材、连杆等，可以断开后缩短表示，但要标注实际尺寸，如图 3-78 所示。

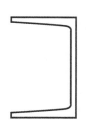 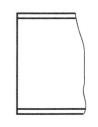 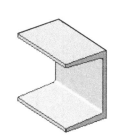

图 3-77　按小端画出

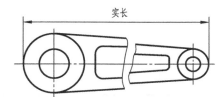 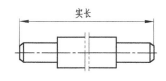

图 3-78　较长机件断开后的简化画法

其他表示方法

【例 3-4】　识读如图 3-79 所示的箱体零件视图。

零件视图的识读仍然采用三步法，第一步：外部轮廓分形体——分形体、抓特征、看外形；第二步：内部轮廓找特征——找位置、识标注、看内部，线面分析攻难点——看细节；第三步：综合内、外形状想总体。

首先概括了解，箱体是一个叠加类型的零件，用三个视图表达，主视图采用局部剖视图，左视图采用全剖视图，俯视图采用局部剖视图。

a. 分形体、找特征、看外部轮廓。这是一个叠加体，主体形状是一个垂直放置的圆柱，如图 3-80（a）所示。下部距圆柱底面 10mm 有一个长方形板，如图 3-80（b）所示。与圆柱轴线垂直放置的有一个水平圆柱，两圆柱轴线垂直交叉，如图 3-80（c）所示。从图 3-79 主、俯视图中的切线来看，水平放置的应该是个半圆柱与四棱柱的组合体，如图 3-80（d）所示。

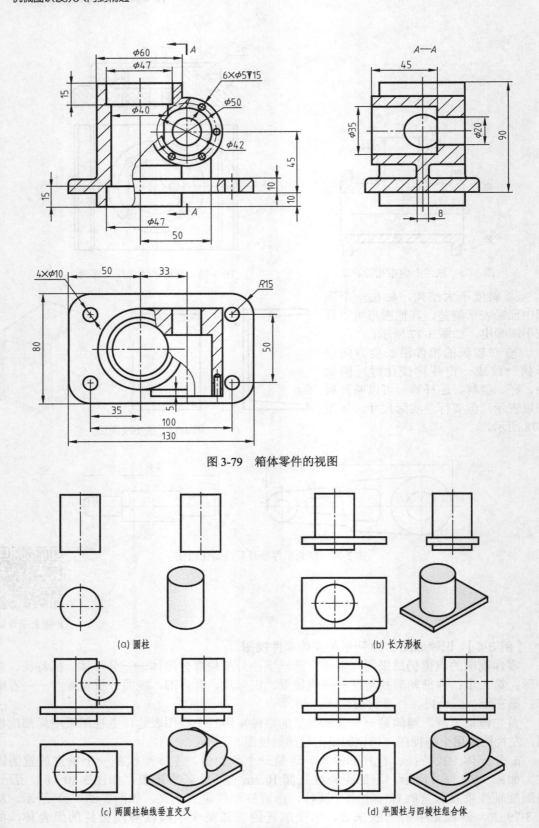

图 3-79　箱体零件的视图

(a) 圆柱　　　　(b) 长方形板

(c) 两圆柱轴线垂直交叉　　　　(d) 半圆柱与四棱柱组合体

图 3-80　箱体类零件的外形（一）

在组合体的前端有一个直径 $\phi50$ 的圆柱凸台，厚 5mm，如图 3-81（a）所示。在水平的圆柱端面开有 6 个均布的小孔；在长方形板上开有 4 个小孔，如图 3-81（b）所示。

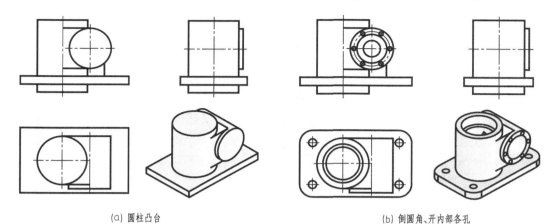

(a) 圆柱凸台　　　　　　　　　　　　　　　　(b) 倒圆角、开内部各孔

图 3-81　箱体类零件的外形（二）

b. 找位置、识标注、看内部。主视图采用局部剖视图，剖切位置是箱体的前后对称平面，由此可看出在垂直圆柱中开有 $\phi47$ 和 $\phi40$ 的孔；A—A 剖视图的剖切位置是水平圆柱的中心线，其投射方向如箭头所示，由此可以看出在水平的圆柱中开有阶梯孔（$\phi35$ 和 $\phi20$），同时表达圆孔的壁厚和肋板的厚度，如图 3-82（b）所示；俯视图采用局部剖视图，剖切位置是水平圆柱的中心线，从主、俯剖视图可知，垂直圆孔与水平阶梯孔的大孔是相通的，如图 3-82 所示。

c. 综合内、外形状想总体。从内、外形状可以想象出箱体的整体形状，如图 3-81（b）、图 3-82 所示。

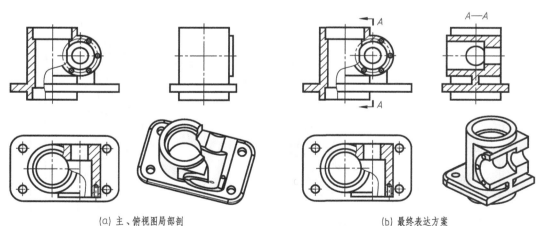

(a) 主、俯视图局部剖　　　　　　　　　　　　(b) 最终表达方案

图 3-82　箱体的表达方案

综合读图
（.x_t 文件）

【练习 3-10】　识读如图 3-83 所示泵体的形状和结构。

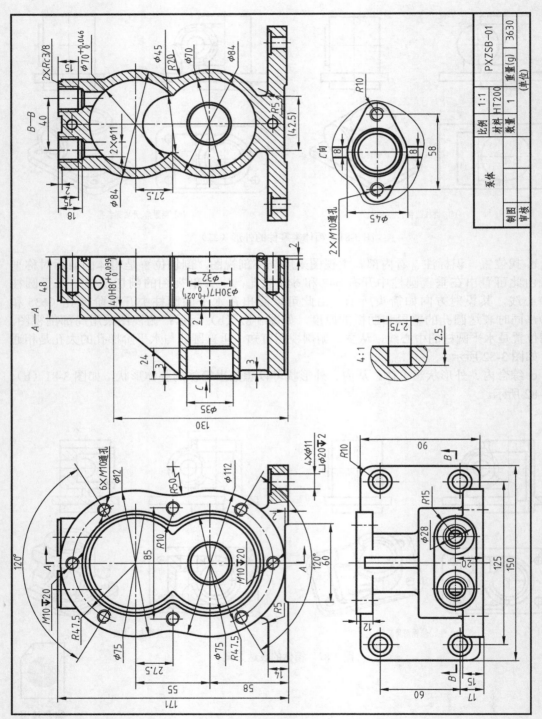

图 3-83 泵体

第4章 零件图的识读

零件图是加工制造零件的重要技术文件，识读零件图是每个从事机械加工、制造的工程技术人员的必备技能。零件图包括四项内容：一组视图、完整的尺寸、技术要求和标题栏。

4.1 识读零件图的基本方法

（1）从标题栏入手认识零件

零件图上的标题栏如图4-1所示，从此入手可以了解零件的名称、材料、比例、设计者和设计完成日期等，而根据零件的名称能够大概判断出零件的用途等。

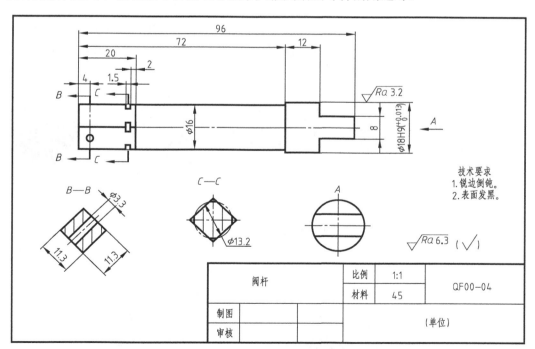

图4-1 阀杆零件图

（2）从视图入手识读零件的形状

视图是用来表达零件内、外结构形状的，通过零件读图三步法，即视图看外形、剖视看内部、综合看总体，确定零件的形状，从而确定零件的类型（轴套类、盘盖类、叉架类和箱体类）。

分析零件图中采用了哪些视图、剖视图、断面图等表达方法，看看有几个视图，了解零件的复杂程度；采用了什么剖切方法，剖切位置、投射方向等。在此基础上，运用形体分析法和线面分析法，分析各图投影间的对应关系，想象出零件的结构形状。

（3）从尺寸入手确定零件的大小

找出各方向的尺寸基准，了解各部分的定形尺寸、定位尺寸和总体尺寸，从而进一步确定零件的大小和形状。

（4）从图中符号入手确定零件的内外在质量要求

根据零件的类型、使用的材料了解零件的成形方法，了解各尺寸极限与公差的要求、各表面结构要求等，从而判断出零件的加工要求。

4.2　识读零件图中的各种符号及一些结构的图样表示法

零件图中常标注各种符号、代号以及一些结构的规定表示方法等，识读这些符号、代号及图样表示方法才能理解设计者的意图。常见的有螺纹、极限与公差、表面特征、热处理、表面涂镀、材料、齿轮、弹簧等。

4.2.1　螺纹的种类、图样表示法及标注

（1）螺纹的种类

螺纹按用途分为连接螺纹和传动螺纹两大类。

连接螺纹起连接和紧固作用。常用的连接螺纹有：粗牙普通螺纹、细牙普通螺纹、非螺纹密封的管螺纹、螺纹密封的管螺纹。它们的牙型均为三角形，如图4-2（a）～图4-2（c）所示。

传动螺纹是用来传递动力或运动的，常用的有梯形螺纹和锯齿形螺纹。梯形螺纹牙型为等腰梯形，是最常用的传动螺纹。锯齿形螺纹是一种受单向力的传动螺纹，牙型为锯齿形，如图4-2（d）～（e）所示。

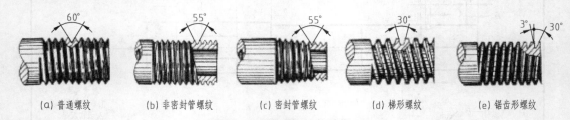

| (a) 普通螺纹 | (b) 非密封管螺纹 | (c) 密封管螺纹 | (d) 梯形螺纹 | (e) 锯齿形螺纹 |

图4-2　常见螺纹的种类

在圆柱表面上形成的螺纹称为圆柱螺纹，在圆锥表面上形成的螺纹称为圆锥螺纹，在回转体外表面上加工的螺纹称为外螺纹，在内表面上加工的螺纹称为内螺纹，如图4-3所示。

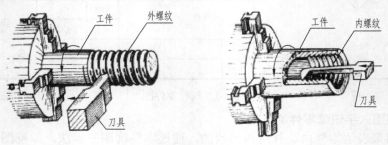

图4-3　内、外螺纹

（2）螺纹的图样表示法

① 螺纹的结构。螺纹凸起的顶部称为牙顶，凹陷的沟槽底部称为牙底。

为了防止外螺纹起始圈损坏和便于装配，通常在螺纹起始处做出一定形式的末端（倒角或倒圆）。车销螺纹的刀具在螺纹尾部要逐渐离开工件，因而在螺纹尾部形成牙型不完整的螺纹，这种不完整的螺纹称为螺尾。螺纹的长度中不包括螺尾，为清除螺尾和便于退刀，通常在螺纹终点处加工出退刀槽，如图 4-4 所示。

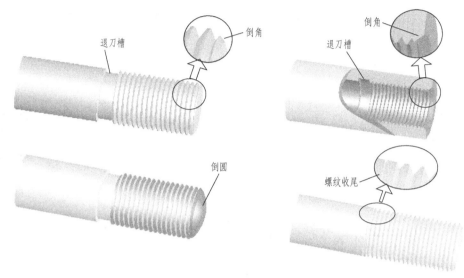

图 4-4　螺纹末端和尾部

② 螺纹的图样表示法（GB/T 4459.1—1995）。螺纹要素有牙型、公称直径、螺距和导程、线数、旋向。

牙型、公称直径（大径）和螺距通常称为螺纹三要素，凡螺纹三要素符合标准的称为标准螺纹。若螺纹仅牙型符合标准，公称直径（大径）和螺距不符合标准，称为特殊螺纹。若牙型也不符合标准者，称为非标准螺纹（如方牙螺纹）。

互相旋合的一对内、外螺纹，它们的牙型、公称直径、旋向、线数和螺距等要素必须一致。

螺纹通常采用专用刀具在机床或专用机床上制造，国标对螺纹的公称直径（大径）、螺距等结构形状作出详细的规定，无需画出螺纹的真实投影，因而国家标准规定了螺纹在图样上的画法。

a. 外螺纹。螺纹的牙顶（大径）及螺纹的终止线用粗实线表示，牙底（小径）用细实线表示，在垂直于螺纹轴线的投影面的视图中，表示牙底的细实线圆只画约 3/4 圆，此时螺纹的倒角规定省略不画，如图 4-5 所示。

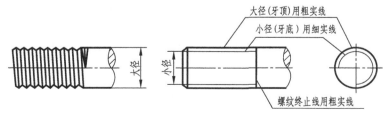

图 4-5　外螺纹画法

外螺纹画法

b. 内螺纹。剖开表示时，牙底（大径）为细实线，牙顶（小径）及螺纹终止线为粗实线。不剖开表示时，牙底、牙顶和螺纹终止线皆为虚线。在垂直于螺纹轴线的视图中，牙底仍然画成约为 3/4 的细实线圆，螺纹的倒角省略不画，如图 4-6 所示。

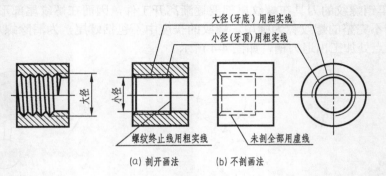

(a) 剖开画法　　　(b) 不剖画法

图 4-6　内螺纹画法

内螺纹画法

绘制不穿通的螺孔时，钻孔直径等于螺纹小径，一般应将钻孔的深度和螺纹部分的深度分别画出，如图 4-7（a）所示。当需要表示螺纹收尾时，螺纹尾部的牙底用与轴线成 30°的细实线表示，如图 4-7（b）所示。

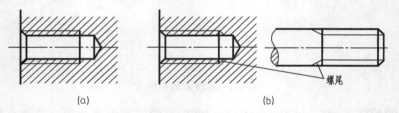

(a)　　　　　　　　　　(b)

图 4-7　螺孔、螺尾画法

c. 内、外螺纹连接的画法。如图 4-8 所示为装配在一起的内、外螺纹连接的画法。在剖视图中表示螺纹连接时，其旋合部分应按外螺纹的画法绘制，且带有内、外螺纹的相邻两个零件剖面线方向应该相反。

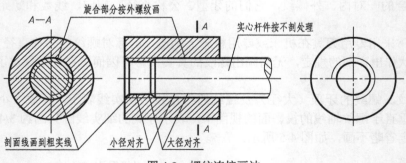

图 4-8　螺纹连接画法

d. 非标准螺纹的画法。画非标准牙型的螺纹时，应画出螺纹牙型，并标注出所需的尺寸及有关要求，如图 4-9 所示。

（3）螺纹的标注

由于不同的螺纹其画法相同，区分螺纹的种类、大小、螺距等参数是通过标注。因此，在图样中为了表示螺纹的要素及技术要求等，必须对螺纹进行标注。

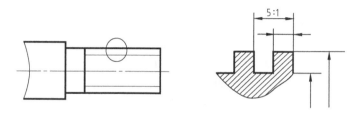

图 4-9　非标准螺纹的画法

① 普通螺纹的标注（GB/T 197—2003）

a. 标注内容为：<u>特征代号</u>　<u>尺寸代号</u> - <u>公差带代号</u> - <u>有必要说明的信息</u>

其中：特征代号 M（见表 4-1），尺寸代号数值国标有明确规定（参见附录 C 中的表 C-1）。

尺寸代号　　单线螺纹为：公称直径 × 螺距，对于粗牙螺纹螺距可以省略，如：M10×1、M10。

多线螺纹为：公称直径 ×Ph 导程 P 螺距，如：M16Ph3P1.5。

公差带代号：包含中径、顶径公差带代号，由表示公差等级的数字和表示公差带位置的字母所组成，如：6H、6g（内螺纹用大写字母，外螺纹用小写字母）。如果中径与顶径公差带代号相同，则只注一个代号，如：7h；如果螺纹的中径公差带与顶径公差带代号不同，则分别标注，如：5g6g。当螺纹为中等公差精度时，内螺纹公称直径不大于 1.4mm 时，省略 5H；不小于 1.6mm 时，省略 6H；外螺纹公称直径不大于 1.4mm 时，省略 6h；不小于 1.6mm 时，省略 6g，不标注公差带代号。

有必要说明的信息：包括旋合长度代号和旋向，中间用"-"分开。其中螺纹旋合长度规定为短（S）、中（N）、长（L）三种，中旋合长度不标注。旋向分为右旋、左旋，右旋不标注，左旋用 LH 表示。

普通螺纹在图上的标注方法是将规定标记注写在尺寸线或尺寸线的延长线上，尺寸界线从螺纹大径引出，如表 4-1 所示。

b. 普通螺纹标注新旧国标区别：新标准允许省略最常用的公差带代号；新标准左旋的代号"LH"在标注内容最后，旧标准左旋的代号"LH"则在尺寸代号之后；新标准规定了多线螺纹的标注方法，旧标准没有。标注区别举例如下。

单线左旋长旋合：新标准　　M10×1-5g6g-L-LH　　　　M10×1-LH　　　M10

旧标准　　M10×1LH-5g6g-L　　　　M10×1LH-6H　　M10-6g

多线左旋：新标准　　M16Ph3P1.5-5h6h-S-LH

旧标准　　无

② 55°管螺纹标注

55°管螺纹按用途分为两种：非螺纹密封管螺纹和螺纹密封管螺纹。

a. 非螺纹密封管螺纹的标注

标注内容为：

外螺纹：<u>特征代号</u>　<u>尺寸代号</u>　<u>公差等级代号</u>　<u>旋向代号</u>

内螺纹：<u>特征代号</u>　<u>尺寸代号</u>　<u>旋向代号</u>

其中：特征代号 G（见表 4-1）。尺寸代号是一个无单位的简单数字（1/2，1），只能定性地表示螺纹的大小，与带有外螺纹的管子孔径的英寸数相近，其数值国标有明确规定（参见附录 C 表 C-3）。

如左旋的管螺纹标注，外螺纹为：G1/2A，G1/2A-LH；内螺纹为：G1/2，G1/2LH。

在图上的标注方法是采用引出标注，并从大径引出，如表 4-1 所示。

b. 螺纹密封管螺纹的标注

圆柱内螺纹 R_p 与圆锥外螺纹旋合的标注：R_p 1/2-LH

圆锥内螺纹 R_c 与圆锥外螺纹旋合的标注：R_c 1/2-LH

圆锥外螺纹 R_1 与圆柱内螺纹旋合的标注：R_1 3/4

圆锥外螺纹 R_2 与圆锥内螺纹旋合的标注：R_2 3/4

③ 梯形螺纹的标注　标注内容为：

<u>特征代号</u>　<u>公称直径 × 导程（P 螺距）</u>　<u>旋向 - 中径公差带代号 - 旋合长度代号</u>

其中，特征代号 Tr（见表 4-1），公称直径、螺距国标有明确规定（参见附录 C 表 C-2）。右旋可省略不注，左旋标注 LH。旋合长度代号只有中等旋合长度 N 和长旋合长度 L 两种，中等旋合长度 N 可以省略。

单线螺纹只标公称直径 × 螺距，多线螺纹标公称直径 × 导程（P 螺距）。如：Tr36×12（P6）-7e。

梯形螺纹在图上的标注方法同普通螺纹，如表 4-1 所示。

④ 锯齿形螺纹的标注

标注内容为：

<u>特征代号</u>　<u>公称直径 × 导程（P 螺距）</u>　<u>旋向 - 中径公差带代号 - 旋合长度代号</u>

其中：特征代号 B（见表 4-1）。

单线螺纹只标公称直径 × 螺距，多线螺纹标公称直径 × 导程（P 螺距）；右旋可省略不注，左旋标注 LH，如：B40×7-7c。

锯齿形螺纹在图上的标注方法也同普通螺纹，如表 4-1 所示。

表 4-1　常见螺纹的种类、标注及应用

螺纹种类		外形及牙型图	特征代号	标注示例		标注说明	应用
连接螺纹	普通螺纹	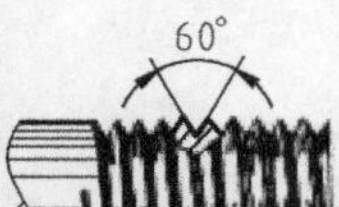 60°	M	粗牙	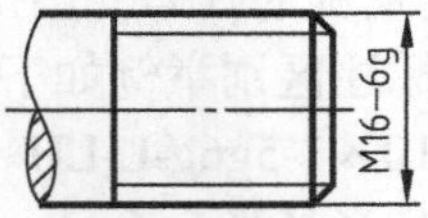 M16-6g	粗牙普通螺纹，公称直径 16mm，右旋，中径、大径公差带均为 6g，中等旋合长度	普通螺纹是最常用的连接螺纹。粗牙螺纹用于机件的连接。细牙螺纹用于薄壁零件或细小的精密零件上
				细牙	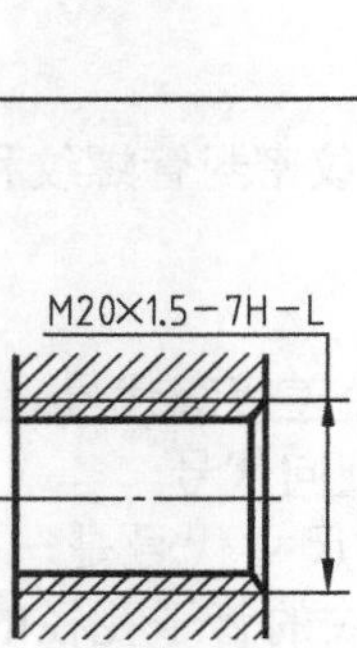 M20×1.5－7H－L	细牙普通螺纹，公称直径 20mm，螺距 1.5mm，右旋，中径、大径公差带均为 7H，长旋合长度	

续表

螺纹种类		外形及牙型图	特征代号	标注示例	标注说明	应用
连接螺纹	管螺纹	55°	G	G½A	非螺纹密封的外管螺纹，尺寸代号 1/2in，公差等级 A 级，右旋，用引出标注	用于管接头、旋塞、阀门及其附件
		55°	Rc Rp R	Rc1½	螺纹密封的外管螺纹，尺寸代号 1½，右旋，用引出标注。R_p、R_c 分别是螺纹密封的圆柱、圆锥内管螺纹，R 是螺纹密封的圆锥外管螺纹	用于管子、管接头、旋塞、阀门和其他螺纹连接件的附件
传动螺纹	梯形螺纹	30°	Tr	Tr40×14(P7)LH-7H	梯形螺纹，公称直径 40mm，双线螺纹、导程 14mm、螺距 7mm，左旋，中径公差带为 7H，中等旋合长度	用于各种机床的丝杠，作传动用
	锯齿形螺纹	3° 30°	B	B40×7	锯齿形螺纹，公称直径 40mm，单线螺纹、螺距 7mm，右旋	只能传递单方向的动力

螺纹标注方法

4.2.2 表面结构在图样上的表示法（GB/T 131—2006）

（1）基本概念及术语

在机械图样上，为了保证零件装配后的使用要求和功能，需要对零件的表面质量——表面结构给出要求。表面结构是表面粗糙度、表面波纹度、表面缺陷、表面纹理和表面几何形状的总称，表面结构的图样表示法在 GB/T 131—2006 中均有具体规定。

① 表面粗糙度。零件加工表面上具有较小间距和峰谷所组成的微观几何特性，如图 4-10 所示。

图 4-10 表面粗糙度

② 表面波纹度。在机械加工过程中，由于机床、工件和刀具系统的振动，在工件表面所形成的间距比粗糙度大得多的表面不平度称为波纹度。

表面粗糙度、表面波纹度以及表面几何形状总是同时生成并存在于同一表面的。

③ 评定表面结构常用的轮廓参数。零件表面结构的状况，可由三大类参数加以评定：轮廓参数、图形参数、支承率曲线参数。轮廓参数是目前我国机械图样中最常用的评定参数，包括评定原始轮廓参数（P 参数）、评定粗糙度轮廓参数（R 参数）、评定波纹度轮廓参数（W 参数）。表面粗糙度是评定零件表面结构质量的重要指标之一，现仅介绍评定粗糙度轮廓中的两个参数 Ra 和 Rz。

a. 轮廓算术平均偏差 Ra。指在一个取样长度内纵坐标值 $Z(x)$ 绝对值的算术平均值，如图 4-11 所示，可用公式近似表示为

$$Ra = \frac{1}{l} \int_0^l |Z(x)| \, \mathrm{d}x$$

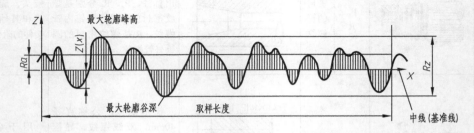

图 4-11　轮廓算术平均偏差 Ra 和轮廓的最大高度 Rz

b. 轮廓的最大高度 Rz。指在同一取样长度内，最大轮廓峰高和最大轮廓谷深之和的高度，如图 4-11 所示。

④ 有关检验规范的基本术语

a. 取样长度和评定长度。在 x 轴（即基准线）上选取一段适当长度进行测量，这段长度称为取样长度。

在 x 轴方向上用于评定轮廓的、包含着一个或几个取样长度的测量段称为评定长度。

评定长度默认为 5 个取样长度，否则应注明个数。

如：$Rz0.4$、$Ra3\ 0.8$、$Rz1\ 3.2$ 分别表示评定长度为 5 个（默认）、3 个、1 个取样长度。

b. 轮廓滤波器和传输带。将轮廓分成长波和短波成分的仪器称为轮廓滤波器。按滤波器的不同截止波长值，由小到大顺次分为 λ_s、λ_c 和 λ_f 三种滤波器。

原始轮廓（P 轮廓）：应用 λ_s 滤波器修正后的轮廓。

粗糙度轮廓（R 轮廓）：在 P 轮廓上再应用 λ_c 滤波器修正后形成的轮廓。

波纹度轮廓（W 轮廓）：对 P 轮廓连续应用 λ_f 和 λ_c 滤波器后形成的轮廓。

由两个不同截止波长的滤波器分离获得的轮廓波长范围则称为传输带（默认不注）。

c. 极限值判断规则

16% 规则：当被检表面测得的全部参数值中，超过极限值的个数不多于总个数的 16% 时合格（默认规则，如 $Ra0.8$）。

最大规则：被检的整个表面上测得的参数值一个也不应超过给定的极限值（参数代号后注写 "max" 字样，如：$Ra\ max\ 0.8$）。

（2）标注表面结构的图形符号

标注表面结构要求使用的图形符号、名称及含义如表 4-2 所示。

表 4-2　表面结构图形符号

符号名称	符 号	含 义
基本符号		表示表面可用任何方法获得。当不加注粗糙度参数值或有关说明时，仅适用于简化代号标注
扩展图形符号		在基本图形符号加一小圆，表示表面是用不去除材料方法获得。如铸、锻、冲压变形等，或者是用于保持原供应状况的表面
		在基本图形符号加一短划，表示表面是用去除材料的方法获得。如车、铣、磨等机械加工
完整图形符号	允许任何工艺　　不去除材料　　去除材料	在上述三个符号的长边上均可加一横线，以便注写对表面结构特征的补充信息

（3）表面结构图形符号的画法及表面结构要求的注写位置

① 表面结构图形符号的画法。表面结构图形符号的画法如图 4-12（a）所示，图形符号尺寸如表 4-3 所示。

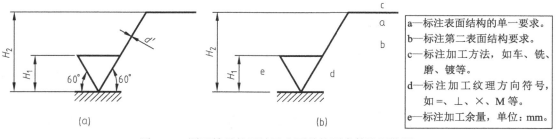

a—标注表面结构的单一要求。
b—标注第二表面结构要求。
c—标注加工方法，如车、铣、磨、镀等。
d—标注加工纹理方向符号，如 ＝、⊥、×、M 等。
e—标注加工余量，单位：mm。

图 4-12　图形符号的画法及表面结构要求的注写位置

表 4-3　图形符号和附加标注的尺寸

数字和字母高度 h（见国标）	2.5	3.5	5	7	10	14	20
符号线宽 d'	0.25	0.35	0.5	0.7	1	1.4	2
字母线宽							
高度 H_1	3.5	5	7	10	14	20	28
高度 H_2	7.5	10.5	15	21	30	42	60

注：H_2 取决于标注内容。

当在图样某个视图上构成封闭轮廓的各表面有相同的表面结构要求时，应在完整图形符号［图 4-12（a）］上加一圆圈，标注在图样中工件的封闭轮廓线上，如图 4-13 所示，即图形中封闭轮廓代表的六个面有共同的表面结构要求。

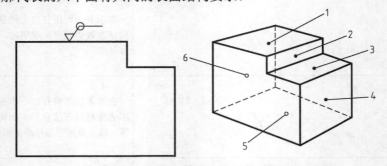

图 4-13　对周边各面有相同的表面结构要求的注法

② 表面结构要求的注写位置。表面结构要求的注写位置如图 4-12（b）所示。为了明确表面结构要求，除了标注表面结构参数和数值外，必要时应标注补充要求，包括传输带、取样长度、加工工艺、表面纹理、加工余量等。

在图 4-12（b）中，位置 a 注写表面结构的单一要求，包括表面结构参数代号、极限值和传输带或取样长度，为了避免误解，参数代号和数值之间应留空格，传输带或取样长度后应有一斜线"/"，之后是表面结构参数代号，最后是数值。位置 d 为加工纹理方向符号，如表 4-4 所示。

如果表面结构代号中只有参数代号 Ra 或 Rz 和数值，则说明零件上该表面结构要求只有表面粗糙度。

表 4-4　表面加工纹理的标注

符号名称	符号	含义
＝	纹理方向	纹理平行于标注代号的视图投影面
⊥	纹理方向	纹理垂直于标注代号的视图投影面
×	纹理方向	纹理呈相交方向
M		纹理呈多方向

符号名称	符号	含义
C		纹理呈近似同心圆
R		纹理呈近似放射状
P		纹理无方向或凸起细粒状

（4）表面结构代号

在表面结构符号中注写具体的参数代号和数值等要求后，即构成表面结构代号。表面结构代号的实例及含义如表 4-5 所示。

表 4-5 表面结构代号的实例及含义

代号示例	含 义
$\sqrt{}$ $Ra\ 0.8$	表示不允许去除材料，单向上限值，默认传输带，R 轮廓，算术平均偏差 0.8μm，评定长度为 5 个取样长度（默认），"16％规则"（默认）
$\sqrt{}$ $Rz\max\ 0.2$	表示去除材料，单向上限值，默认传输带，R 轮廓，粗糙度最大高度的最大值 0.2μm，评定长度为 5 个取样长度（默认），"最大规则"
$\sqrt{}$ $0.008-0.8/Ra\ 3.2$	表示去除材科，单向上限值，传输带 0.008 ～ 0.8mm，R 轮廓，算术平均偏差 3.2μm，评定长度为 5 个取样长度（默认），"16％规则"（默认）
$\sqrt{}$ $-0.8/Ra\ 3\ 3.2$	表示去除材料，单向上限值，传输带，根据 GB/T 6062，取样长度 0.8 mm（λ_s 默认 0.0025mm），R 轮廓，算术平均偏差 3.2μm，评定长度包含 3 个取样长度，"16％规则"（默认）
$\sqrt{}$ U $Ra\max\ 3.2$ L $Ra\ 0.8$	表示去除材料，双向极限值，两极限值均使用默认传输带，R 轮廓，上限值：算术平均偏差 3.2μm，评定长度为 5 个取样长度（默认），"最大规则"；下限值：算术平均偏差 0.8μm，评定长度为 5 个取样长度（默认），"16％规则"（默认）

① 单向极限要求，且均为单向上限值，则均可不加注"U"；若为单向下限值，则应加注"L"。

② 传输带中的前后数值分别为短波和长波滤波器的截止波长（λ_s-λ_c），以示波长范围，此时取样长度等于λ_c。默认传输带不注，取样长度由 GB/T 10610—2009 和 GB/T 6062—2009 中查取。

（5）表面结构要求在图样上的标注

① 表面结构要求对每一表面一般只注一次，并尽可能注在相应的尺寸及其公差的同一视图上。除非另有说明，所标注的表面结构要求是对完工零件表面的要求。

② 表面结构的注写和读取方向与尺寸的注写和读取方向一致。表面结构要求可标注在轮廓线上，其符号应从材料外指向并接触表面，如图4-14（a）所示。表面结构代号只能水平朝上或垂直朝左标注，不应倒着标注，也不应指向左侧标注，如图4-14（b）所示。必要时应采用带箭头或黑点的指引线引出标注，如图4-15所示。

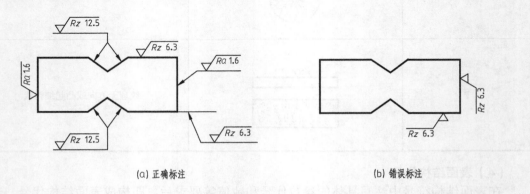

(a) 正确标注   (b) 错误标注

图4-14   表面结构要求在轮廓线上的标注

③ 在不致引起误解时，表面结构要求可以标注在给定的尺寸线上，如图4-16所示。

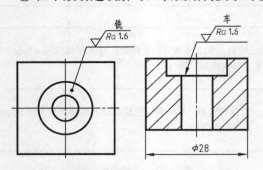

图4-15   用带箭头或黑点的指引线引出标注

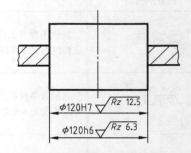

图4-16   表面结构要求标注在尺寸线上

④ 表面结构要求可标注在形位公差框格的上方，如图4-17所示。

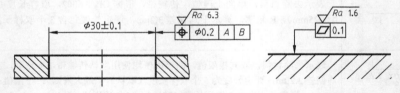

图4-17   表面结构要求标注在形位公差框格的上方

⑤ 圆柱和棱柱表面的表面结构要求只标注一次，如图 4-18 所示。如果每个棱柱表面有不同的表面要求，则应分别单独标注，如图 4-19 所示。

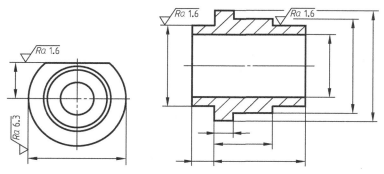

图 4-18　表面结构要求在圆柱表面上的标注

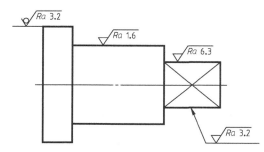

图 4-19　圆柱或棱柱表面有不同的表面结构要求注法

（6）表面结构要求在图样中的简化注法

① 工件的多数（包括全部）表面有相同的表面结构要求时，其表面结构要求可统一标注在图样的标题栏附近。此时表面结构要求的符号后面应有如下内容。

a. 在圆括号内给出无任何标注的基本符号，如图 4-20（a）所示，或在圆括号内给出不同的表面结构要求，如图 4-20（b）所示。

b. 不同的表面结构要求应直接标注在图形中，如图 4-20 所示。

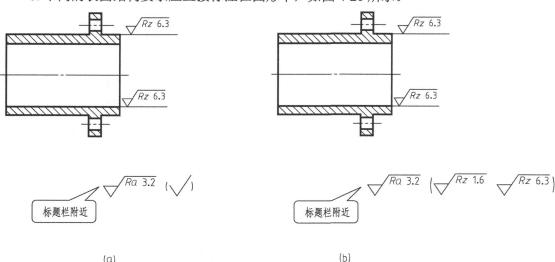

(a)　　　　　　　　　　　　　　(b)

图 4-20　多数（包括全部）表面有相同的表面结构要求时简化标注

② 当多个表面有共同的要求时，可用带字母的完整符号，以等式的形式标注，在图形或标题栏附近，对有相同表面结构要求的表面进行简化标注说明，如图4-21所示。

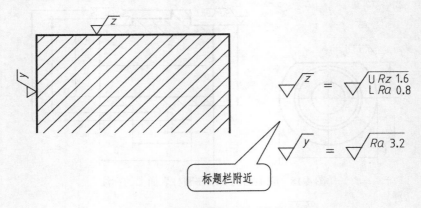

图4-21   多个表面有共同要求的注法

③ 用表面结构符号，以等式的形式给出对多个表面共同的表面结构要求，如图4-22所示。

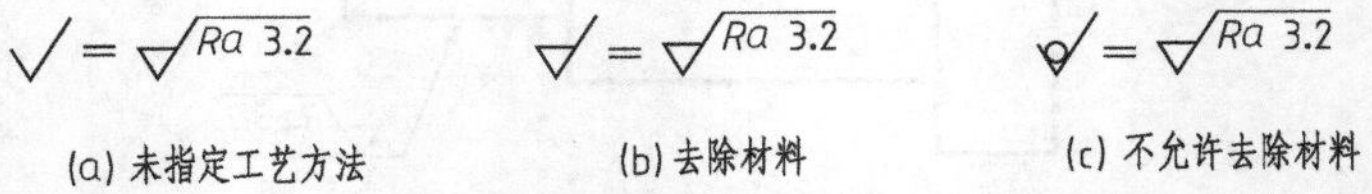

(a) 未指定工艺方法   (b) 去除材料   (c) 不允许去除材料

图4-22   多个表面共同表面结构要求简化注法

④ 由两种或多种工艺获得的同一表面，需要明确每种工艺方法的表面结构要求时，可按如图4-23（a）所示进行标注。如图4-23（b）所示为三个连续的加工工序的表面结构、尺寸和表面处理的标注。

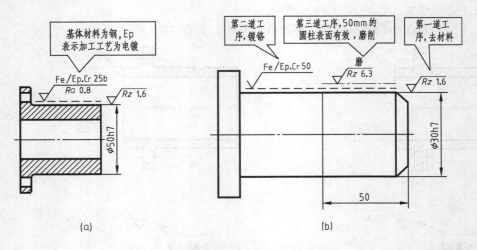

图4-23   多种工艺获得的同一表面注法

（7）新旧标准（表面结构代号与表面粗糙度代号）区别
新标准表面结构代号与旧标准表面粗糙度代号的主要区别如表4-6所示。

表 4-6　新旧标准（表面结构代号与表面粗糙度代号）区别

区别		标 准 号	
		GB/T 131—2006	GB/T 131—1999
代号名称		表面结构代号	表面粗糙度代号
表面要求数值位置		a ——注写第一表面结构要求 b ——注写第二表面结构要求 c ——注写加工方法、表面处理、涂层等工艺要求，如车、磨、镀等 d ——加工纹理方向符号，如表 4-4 所示 e ——注写加工余量，mm	a₁，a₂——粗糙度高度参数代号及其数值，μm b ——加工要求、镀覆、涂覆、表面处理或其他说明等 c ——取样长度，mm；或波纹度，μm； d ——加工纹理方向符号 e ——加工余量，mm f ——粗糙度间距参数值（单位为 mm）或轮廓支承长度率
表面要求注写方式	区别 1	$\sqrt{Ra\ 1.6}$	1.6 或 1.6
	区别 2	$\sqrt{\begin{array}{l}U\ Ra\ 3.2\\ L\ Ra\ 1.6\end{array}}$	3.2 1.6
	区别 3	$\sqrt{Rz\ 1.6}$	$Ry\ 1.6$ 或 $Ry\ 1.6$
	区别 4	$Rz\ 12.5$ $Ra\ 1.6$ $Ra\ 1.6$ $Rz\ 6.3$	12.5 1.6 1.6 6.3

表面结构及其标注

4.2.3　极限与公差（摘自 GB/T 1800.1—2009、GB/T 18019—2009）

　　在装配机器时，把同样零件中的任一零件，不经挑选或修配，便可装到机器上，并保证机器正常运转；在修配时，把任一同样规格的零件配换上去，仍能保持机器的原有性能。这些"在相同零件中，不经挑选或修配就能装配（或换上）并能保持原有性能的性质"，称为互换性。要使零件具有互换性，并不要求一批零件同一尺寸绝对准确，而只要求在一个合理的范围之内，以满足不同要求，由此就产生了"极限与配合"制度。

　　建立极限与配合制度，是实现互换性生产的必要条件。因此，工程图样上常注有极限与配合方面的技术要求。

（1）有关极限与公差的术语及定义

　　极限与公差的术语及其相互关系如图 4-24 所示。

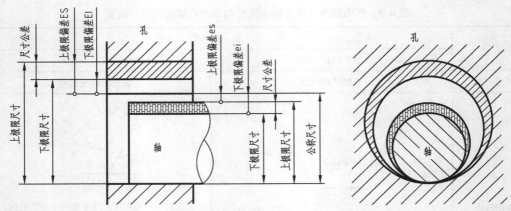

图 4-24　极限与公差的术语及其相互关系

① 轴。通常指工件的圆柱形外尺寸要素，也包括非圆柱形的外尺寸要素（由两平行平面或切面形成的被包容面）。

② 孔。通常指工件的圆柱形内尺寸要素，也包括非圆柱形的内尺寸要素（由两平行平面或切面形成的包容面）。

③ 公称尺寸。根据零件强度、结构和工艺性要求，设计确定的尺寸。

④ 极限尺寸。允许尺寸变化的两个界限值，以公称尺寸为基数来确定。两个界限之中较大的一个称为上极限尺寸；较小的一个称为下极限尺寸。

⑤ 偏差。某一尺寸减去其公称尺寸所得的代数差，可以是正值、负值或零。

⑥ 极限偏差。极限尺寸减去公称尺寸所得的代数差。

上极限偏差 = 上极限尺寸 – 公称尺寸。

下极限偏差 = 下极限尺寸 – 公称尺寸。

国标规定：轴的上、下极限偏差代号用小写字母 es、ei 表示，孔的上、下极限偏差代号用大写字母 ES、EI 表示，如图 4-24 所示。

⑦ 尺寸公差。允许尺寸的变动量。

尺寸公差 = 上极限尺寸 – 下极限尺寸 = 上极限偏差 – 下极限偏差。

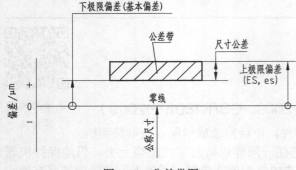

图 4-25　公差带图

因为上极限尺寸总是大于下极限尺寸，所以，尺寸公差一定为正值。

⑧ 尺寸公差带和公差带图。尺寸公差带是表示公差大小和相对于零线位置的一个区域，由代表上极限偏差和下极限偏差或上极限尺寸和下极限尺寸的两条直线所限定。为了便于分析，一般将尺寸公差与公称尺寸的关系按放大比例画成简图，称为公差带图，如图 4-25 所示。零线是表示公称尺寸的一条直线，正偏差位于零线之上，负偏差位于零线下。

注：新版国家标准（GB/T 1800.1—2009）中将以前版本中的"基本尺寸"改为"公称尺寸"，"上偏差、下偏差、最大极限尺寸和最小极限尺寸"分别修改为"上极限偏差、下极限偏差、上极限尺寸和下极限尺寸"。

（2）标准公差和基本偏差

① 标准公差。用以确定公差带大小的任意公差。标准公差的数值由公称尺寸和公差等

级来确定，其中公差等级确定尺寸的精确程度。

② 公差等级。确定尺寸精确程度的等级。标准公差等级代号用符号 IT 和数字组成，如 IT7。国家标准将公差等级分为 20 级：IT01、IT0、…、IT18。IT 为"国际公差"的英文缩写，数字为公差等级。IT01 公差值最小，精度最高；IT18 公差值最大，精度最低，从 IT01 至 IT18 等级依次降低。公称尺寸至 500mm 的 IT01 至 IT18 的标准公差等级数值如表 4-7 所示。

表 4-7　标准公差等级数值

基本尺寸 /mm		标准公差等级																			
		μm												mm							
大于	至	IT01	IT0	IT1	IT2	IT3	IT4	IT5	IT6	IT7	IT9	IT9	IT10	IT11	IT12	IT13	IT14	IT15	IT16	IT17	IT18
—	3	0.3	0.5	0.9	1.2	2	3	4	6	10	14	25	40	60	0.1	0.14	0.25	0.40	0.60	1.0	1.4
3	6	0.4	0.6	1	1.5	2.5	4	5	8	12	18	30	48	75	0.12	0.18	0.30	0.48	0.75	1.2	1.8
6	10	0.4	0.6	1	1.5	2.5	4	6	9	15	22	36	58	90	0.15	0.22	0.36	0.58	0.90	1.5	2.2
10	18	0.5	0.8	1.2	2	3	5	8	11	18	27	43	70	110	0.18	0.27	0.43	0.70	1.10	1.8	2.7
18	30	0.6	1	1.5	2.5	4	6	9	13	21	33	52	84	130	0.21	0.33	0.52	0.84	1.30	2.1	3.3
30	50	0.6	1	1.5	2.5	4	7	11	16	25	39	62	100	160	0.25	0.39	0.62	1.00	1.60	2.5	3.9
50	80	0.8	1.2	2	3	5	8	13	19	30	46	74	120	190	0.30	0.46	0.74	1.20	1.90	3.0	4.6
80	120	1	1.5	2.5	4	6	10	15	22	35	54	87	140	220	0.35	0.54	0.87	1.40	2.20	3.5	5.4
120	180	1.2	2	3.5	5	8	12	18	25	40	63	100	160	250	0.40	0.63	1.00	1.60	2.50	4.0	6.3
180	250	2	3	4.5	7	10	14	20	29	46	72	115	185	290	0.46	0.72	1.15	1.85	2.90	4.6	7.2
250	315	2.5	4	6	8	12	16	23	32	52	81	130	210	320	0.52	0.91	1.30	2.10	3.20	5.2	8.1
315	400	3	5	7	8	13	18	25	36	57	89	140	230	360	0.57	0.89	1.40	2.30	3.60	5.7	8.9
400	500	4	6	8	10	15	20	27	40	63	97	155	250	400	0.63	0.97	1.55	2.50	4.00	6.3	9.7

③ 基本偏差。用以确定公差带相对于零线位置的那个极限偏差，如图 4-25 所示，国标规定孔、轴分别有 28 个基本偏差。

a. 基本偏差代号对于孔用大写字母 A，…，ZC 表示，轴用小写字母 a，…，zc 表示。

b. 孔的基本偏差 A～H 为下偏差，J～ZC 为上偏差。JS 的上下偏差分别为 +IT/2 和 -IT/2，基本偏差系列示意图如图 4-26 所示。孔的另一偏差（上偏差或下偏差）ES=EI+IT 或 EI=ES-IT。优先及常用配合孔的极限偏差值见附录 A 中的表 A-1。

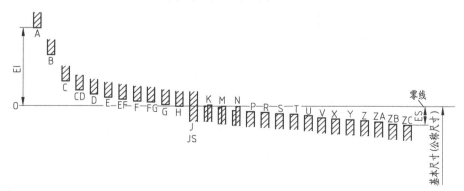

图 4-26　孔的基本偏差系列

c. 轴的基本偏差 a～h 为上偏差，j～zc 为下偏差。js 的上下偏差分别为 +IT/2 和 -IT/2，基本偏差系列示意图如图 4-27 所示。轴的另一偏差（上偏差或下偏差）ei=es-IT 或 es=ei+IT。优先及常用配合轴的极限偏差值见附录 A 中的表 A-2。

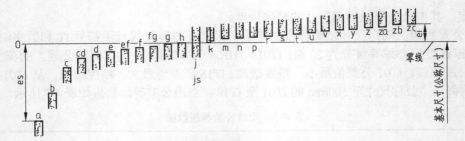

图 4-27　轴的基本偏差系列

标准公差和基本偏差的关系如图 4-28 所示。

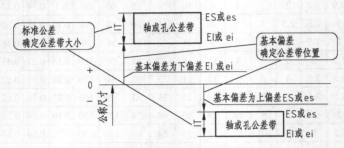

图 4-28　标准公差和基本偏差的关系

（3）孔、轴的公差带的表示及标注公差的尺寸表示

公差带用表示基本偏差的字母和公差等级数字表示，并且要用同一号字书写，如 H7、h6 等。标注公差的尺寸用公称尺寸后跟所要求的公差带或对应的偏差表示，如 $\phi30$H7、$\phi30$h6 或 $\phi30_0^{0.021}$、$\phi30_{-0.021}^{0}$ 等。

（4）标注公差的尺寸在零件图中的标注方法

在零件图中的标注尺寸公差有三种形式。

① 标注公差带的代号，不需标注偏差数值，如图 4-29（a）所示，此种注法用于大批量生产。偏差数值可以从孔与轴的极限偏差表（见附录 A 中的表 A-1、表 A-2）中查出。

② 标注偏差数值，如图 4-29（b）所示，此种注法用于单件、小批量生产。

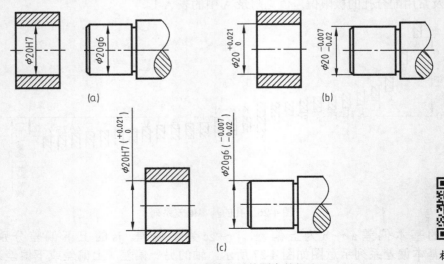

图 4-29　尺寸公差在零件图中的标注

极限与公差

及其标注

③ 标注公差带的代号和偏差数值，如图 4-29（c）所示。此种注法用于产量不定的生产。

4.2.4　几何公差（GB/T 1182—2008）

（1）几何公差的概念

零件在加工时，不仅尺寸会产生误差，其表面几何形状也会产生误差。例如，在加工轴时，可能会出现一头粗一头细的现象；也可能会出现轴线弯曲的现象，另外，零件在加工后，各组成部分的相对位置也会产生误差。例如：加工同轴线的几段圆柱面时，可能出现各段轴线不在一条直线上的现象；两个要求互相平行的平面加工后也可能不平行，这些都属于几何误差。这种几何误差所允许的最大变动量，就叫做几何公差，包括形状公差、方向公差、位置公差和跳动公差。

（2）几何公差的几何特征和符号

几何公差的几何特征和符号如表 4-8 所示。

表 4-8　几何公差的几何特征和符号

公差类型	几何特征	符号	有无基准	公差类型	几何特征	符号	有无基准
形状公差（单一实际要素的形状所允许的变动全量）	直线度	—	无	位置公差（关联实际要素对基准在位置上允许的变动全量）	位置度	⊕	有或无
	平面度	▱	无		同心度（用于中心线）	◎	有
	圆度	○	无				
	圆柱度	⌀	无		同轴心度（用于轴线）	◎	有
	线轮廓度	⌒	无				
	面线轮廓度	⌓	无		对称度	═	有
方向公差（关联实际要素对基准在方向上所允许的变动全量）	平行度	∥	有	位置公差（关联实际要素对基准在方向上所允许的变动全量）	线轮廓度	⌒	有
	垂直度	⊥	有		面线轮廓度	⌓	有
	倾斜度	∠	有	跳动公差（关联实际要素绕基准回转一周或连续回转时所允许的最大跳动量）	圆跳动	↗	有
	线轮廓度	⌒	有				
	面线轮廓度	⌓	有		全跳动	↗↗	有

（3）几何公差的标注

几何公差在图样上的标注内容主要有公差框格、指引线、基准，如图 4-30 所示。

① 公差框格。用公差框格标注几何公差，该框格由两格或多格组成。框格高度推荐为图内尺寸数字高度的 2 倍，框格应水平或垂直地放置，如图 4-31所示。各格自左至右顺序填写如下内容。

a. 几何特征符号。

b. 以线性尺寸单位表示的量值：如果公差带为圆形或圆柱形，公差值前面应加注符号"ϕ"，如果公差带为球形，公差值前面应加注符号"$S\phi$"。

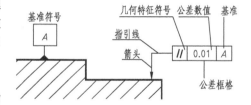

图 4-30　几何公差的标注

c. 基准：用一个字母表示单个基准或用几个字母表示基准体系或公共基准。

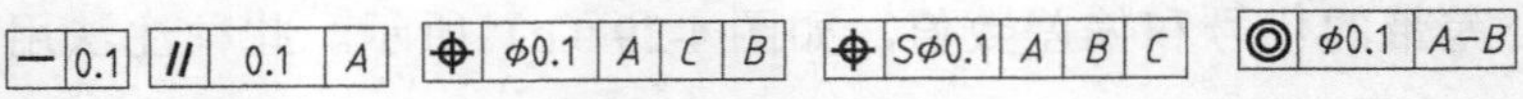

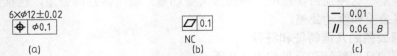

图 4-31　公差框格

当某项公差应用于几个相同要素时，应在公差框格的上方被测要素的尺寸之前注明要素的个数，并在两者之间加上符号"×"，如图 4-32（a）所示。

如果需要限制被测要素在公差带内的形状，应在公差框格的下方注明，如图 4-32（b）所示，其含义参见相应国标。

如果需要就某个要素给出几种几何特征的公差，可将一个公差框格放在另一个的下面，如图 4-32（c）所示。

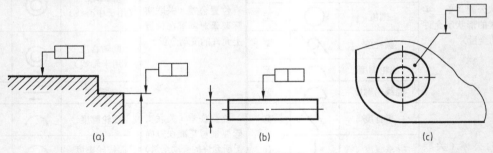

图 4-32　不同情况下几何公差的标注

② 指引线与被测要素。用指引连线连接被测要素和公差框格，指引线引自框格的任意一侧，终端带一箭头。

当公差涉及轮廓线或轮廓面时，箭头垂直指向该要素的轮廓线或其延长线上，且必须与相应尺寸线明显错开，如图 4-33（a）和图 4-33（b）所示。箭头也可指向引出线的水平线，引出线引自被测面，如图 4-33（c）所示。

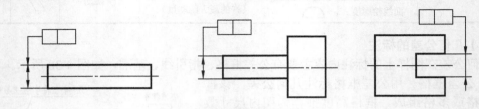

图 4-33　指引线与被测要素（一）

当公差涉及要素的中心线、中心面或中心点时，箭头应位于相应尺寸线的延长线上，如图 4-34 所示。

图 4-34　指引线与被测要素（二）

（4）几何公差的基准表示

① 基准符号。与被测要素相关的基准用一个大写字母表示，字母标注在基准方格内，与一个涂黑的或空白的三角形相连以表示基准，如图 4-35 所示。

② 基准放置。当基准要素是轮廓线或轮廓面时，基准三角形放置在要素的轮廓线或其延长线上（与尺寸线明显错开）；基准三角形也可放置在该轮廓面的引出线的水平线上，如图 4-36 所示。

图 4-35　几何公差的基准

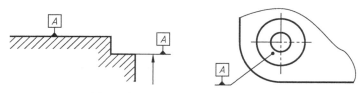

图 4-36　几何公差的基准放置（一）

当基准是尺寸要素确定的轴线、中心平面或中心点时，基准三角形应放置在该尺寸线的延长线上，如图 4-37 所示。如果没有足够的位置标注基准要素尺寸的两个尺寸箭头，则其中一个箭头可用基准三角形代替，如图 4-37（b）和图 4-37（c）所示。

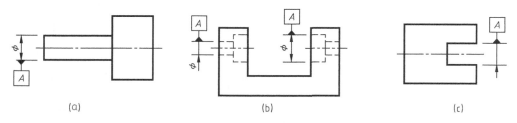

图 4-37　几何公差的基准放置（二）

（5）几何公差的标注示例
如图 4-38 所示。

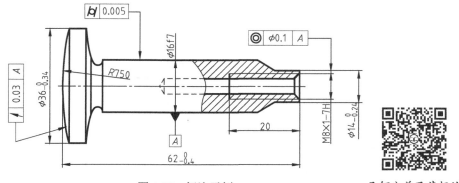

图 4-38　标注示例　　　几何公差及其标注

（6）新旧标准（几何公差与形位公差）区别
新标准几何公差与旧标准形位公差代号的主要区别如表 4-9 所示。

4.2.5　零件常用材料、涂镀与热处理

（1）零件常用材料
在设计机器时，零件材料的选择是否合理，不仅影响机器制造的成本，而且直接影响机器的工作性能和使用寿命。因此，不但要正确地选择、合理地使用材料满足零件的使用要求，还要考虑工艺要求及经济性要求。

表 4-9　新旧标准区别

内　容	区　别	
	GB/T 131—2006	GB/T 131—1999
	几何公差	形位公差
公差涉及单个轴线、单个中心平面或者公共轴线、公共中心平面时，标注方法		
以轴线、中心平面或者公共轴线、公共中心平面为基准时，标注方法		
基准字母的先后顺序	$A\ B\ C$	AB
指引线直接连接公差框格和基准要素	无	$‖\ 0.2$
基准	A	$Ⓐ$

制造机械零件所用的材料很多，有各种钢、铸铁、有色金属和非金属材料。常用的金属和非金属材料可见附录 B 中的表 B-1～表 B-3。

下面介绍一些机械零件常用的材料。

① 铸铁。铸铁是含碳量大于 2.11％的铁碳合金。常用的有灰口铸铁、球墨铸铁、可锻铸铁等。灰口铸铁具有良好的铸造性能（液态流动性）和切削加工性能。由于片状石墨存在，故减振性、耐磨性均良好。常用于制造机床床身、汽缸、箱体等结构件。常用的灰铸铁、球墨铸铁、可锻铸铁名称及牌号含义如下。

a. 灰铸铁。牌号表示为：HT 加数字，如 HT250，其中"HT"为"灰铁"的汉语拼音的首位字母，后面的数字表示抗拉强度（N/mm²）。

b. 球墨铸铁。牌号表示：QT 加数字，如 QT800-2，其中"QT"表示球墨铸铁，其后第一组数字表示抗拉强度（N/mm²），第二组数字表示延伸率（％）。

c. 可锻铸铁。牌号表示：KTH 加数字或 KTB 加数字，如 KTH330-08、KTB380-12，其中"KT"表示可锻铸铁，"H"表示黑心，"B"表示白心，第一组数字表示抗拉强度（N/mm²），第二组数字表示延伸率（％）。

② 碳钢与合金钢。钢是含碳量小于 2.11％的铁碳合金。一般来说，钢的强度高、塑性好，可以锻造，通过不同的热处理和化学处理可改善和提高钢的力学性能以满足使用要求。

钢的种类很多，有不同的分类方法：按含碳量可分为低碳钢（含碳量≤ 0.25％）、中碳钢（含碳量＞ 0.25％ ～ 0.60％）、高碳钢（含碳量＞ 0.60％）；按化学成分可分为碳素钢、合金钢；按质量可分为普通钢、优质钢，按用途可分为结构钢、工具钢、特殊钢等。常用的普通碳素结构钢、优质碳素结构钢、合金结构钢、铸造碳钢的名称及牌号含义如下。

a. 碳素结构钢，牌号表示：Q 加数字，如 Q235，其中"Q"为碳素结构钢屈服点"屈"字的汉语拼音首位字母，后面数字表示屈服点数值。如 Q235 表示碳素结构钢屈服点为 235N/mm²。

b. 优质碳素结构钢，牌号表示：数字，表示碳的质量分数。如 45 钢即表示碳的质量分数为 0.45％，表示平均含碳量为 0.45％。碳的质量分数≤ 0.25％的碳钢属低碳钢（渗碳钢）；碳的质量分数在 0.25％ ～ 0.6％之间的碳钢属中碳钢（调质钢）；碳的质量分数≥ 0.6％的碳钢属高碳钢；在牌号后加符号"F"表示沸腾钢，如 08F，锰的质量分数较高的钢，需加注化学元素符号"Mn"，如 40Mn。

c. 合金结构钢，主要有铬钢、铬锰钛钢，牌号表示：数字加相应的化学元素符号，如 40Cr、30CrMnTi，其中的数字含义与优质碳素结构钢相同，字母代表相应的化学元素符号。

d. 铸造碳钢，牌号表示：ZG 加数字，如 ZG230-450，表示工程用铸钢、屈服点为 230N/mm²，抗拉强度 450N/mm²。

③ 有色金属合金。通常将钢、铁称为黑色金属，而将其他金属统称为有色金属。常用的有色金属是铜、铝、锌、铅等以及它们的合金，其牌号及含义可参阅相应的国标。

④ 非金属材料。常用的非金属材料有橡胶和工程塑料。橡胶有耐酸碱橡胶板、耐油橡胶板、耐热橡胶板等。工程塑料有聚氯乙烯 PVC、聚碳酸酯 PC、尼龙 PA、有机玻璃 PMMA、聚丙烯 PP、ABS、聚四氟乙烯 PTFE 等，其牌号及含义可参阅相应的国标。

（2）钢的涂镀与热处理简介

钢的涂镀与热处理对金属材料的力学性能（如强度、弹性、塑性和硬度）的改善和提高零件的耐磨性、耐热性、耐疲劳性和美观有显著影响。

钢的涂镀是指用一定的方法在钢件表面涂镀一层相应的材料，如镀锌、镀铬、镀镍等。

钢的热处理是指钢在固态下加热到一定温度，保温一定时间，再在介质中以一定的速度冷却的工艺过程。钢经过热处理后，可以改变其内部的组织结构，改善其使用性能及工艺性能，提高零件的使用寿命。

化学热处理是将工件置于一定的化学介质中加热和保温，使介质中的活性原子渗入工件表层，以改变工件表层的化学成分和组织，从而提高零件表面的硬度、耐磨性、耐腐蚀性和表面的美观程度等，而芯部仍保持原来的力学性能，以满足零件的特殊要求。化学热处理的种类很多，依照渗入元素的不同，有渗碳、渗氮、碳氮共渗等，以适用于不同的场合，其中以渗碳应用最广。

根据零件的不同要求，可以采用不同的涂镀与热处理。常见的表面处理和热处理方法见附录 B 中的表 B-4。

它们在图样上的标注方法举例如下。

① 金属镀涂在图样上的标注，如图 4-39 所示。

图 4-39（a）表示基体材料为钢材，电镀铜 10μm 以上，光亮镍 15μm 以上，微裂纹（用字母"mc"表示）铬 0.3μm 以上。

图 4-39（b）表示基体材料为钢材，电镀锌 7μm 以上，后处理为彩虹铬酸盐处理 2 级 C 型（用字母"c2C"表示）。

图 4-39（c）表示基体材料为钢材，先是电镀铜 20μm 以上，然后是化学镀镍 10μm 以上，最后是镀无裂纹（用字母"cf"表示）铬 0.3μm 以上。

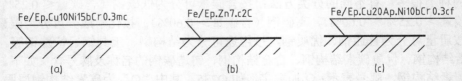

图 4-39　表面和热处理的标注

部分材料表示符号和镀覆处理方法表示符号如表 4-10 所示。

表 4-10　部分材料表示符号和镀覆处理方法表示符号

零件材料	材料表示符号	镀覆处理方法	表示符号
钢、铁	Fe	电镀	Ep
铜及铜合金	Cu	化学镀	Ap
铝及铝合金	AL	化学处理	Ct
塑料	PL	电化学处理	Et

② 化学处理在图样上的标注，如图 4-40 所示。

图 4-40（a）表示基体材料为铜材，化学处理，钝化（用字母"P"表示）。

图 4-40（b）表示基体材料为铝材，电化学处理，电解着色（用字母"Ec"表示）。

图 4-40（c）表示基体材料为铝材，电化学处理，阳极氧化（对阳极氧化方法无特定要求时，用字母"A"表示），着黑色（着色用字母"CI"表示，"BK"表示黑色）。

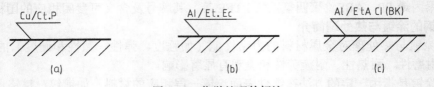

图 4-40　化学处理的标注

③ 热处理在图样上的标注，如图 4-41 所示。

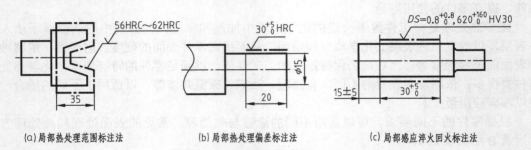

(a)局部热处理范围标注法　　(b)局部热处理偏差标注法　　(c)局部感应淬火回火标注法

图 4-41　局部热处理的标注

图 4-41 中局部热处理使用符号，热处理结果常用布氏硬度（HBS 或 HBW）、洛氏硬度（HRC）或维氏硬度（HV）表示，指标值可用范围表示法，如图 4-41（a）所示；也可用偏差表示法，如图 4-41（b）所示。当对有效硬化层深度有明确要求时，也应标注出，如图 4-41（c）中的 DS=+0.8。表 4-11 给出了各种表面热处理的有效硬化层深度所使用的代号。

表 4-11 有效硬化层深度代号

表面热处理	有效硬化层深度代号
表面淬火	DS
渗碳和碳氮共渗淬火回火	DC
渗氮	DN

在图 4-41 中使用粗点画线表示需进行表面处理的机件表面，将有硬度要求的部位用粗点画线框起来；当轴对称零件或在不至于引起误解的情况下，可用一条粗点画线画在热处理部位的外侧表示，如图 4-41（b）所示；也可使用两条粗点画线画出，如图 4-41（c）所示。

4.3 常见零件的识读举例

4.3.1 轴套类零件的识读

（1）轴套类零件的功能及结构特点

轴套类零件包括各种轴、丝杆、套筒等。轴一般是用来支承传动零件（如齿轮、带轮等）和传递动力的。套一般是装在轴上，起轴向定位、传动或连接等作用。

轴套类零件结构的主体部分大多是由同轴、不同直径的数段回转体组成，轴向尺寸比径向尺寸大得多，主要加工方法是车削、镗削和磨削加工，其上主要有退刀槽、螺纹、倒角、中心孔、砂轮越程槽、键槽、各种孔等结构，如图 4-42 所示。

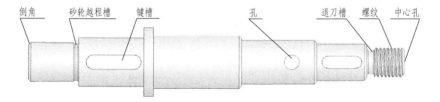

(a) 轴类零件结构特点

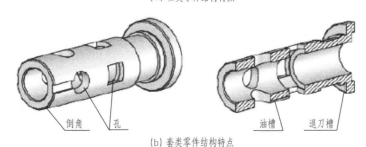

(b) 套类零件结构特点

图 4-42 轴套类零件结构特点

（2）轴套类零件的工艺结构及尺寸标注

轴套类零件上的典型工艺结构主要有倒角、圆角、退刀槽、中心孔、砂轮越程槽等，其结构已标准化，在此仅介绍其画法和标注。

① 倒角和圆角。为便于操作和装配，常在零件端部或孔口处加工出倒角。常见的倒角

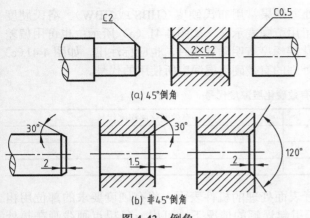

(a) 45°倒角

(b) 非45°倒角

图 4-43　倒角

为 45°，也有 30° 和 60°，其尺寸标注如图 4-43 所示。图样中倒角尺寸全部相同或某一尺寸占多数时，可在图样空白处注明"全部 C2"或"其余 C2"，其中"C"是 45° 倒角符号，"2"是倒角的宽度。

为了避免阶梯轴轴肩根部或阶梯孔的孔肩处因产生应力集中而断裂，阶梯轴轴肩根部或阶梯孔的孔肩处应以圆角过渡，其画法和标注如图 4-44 所示。

② 退刀槽和砂轮越程槽。对车、刨、磨等加工面，为了使轴上零件能安装到轴肩部位，常在待加工面的末端留出退刀槽或砂轮越程槽，如图 4-45 所示。

锐边倒圆 R0.5

图 4-44　圆角

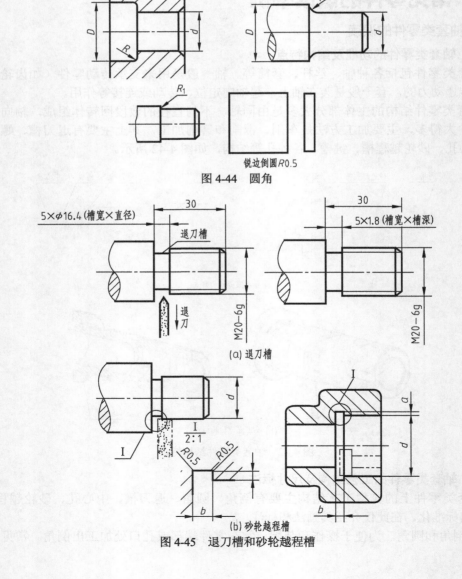

(a) 退刀槽

(b) 砂轮越程槽

图 4-45　退刀槽和砂轮越程槽

③ 中心孔。为了方便轴类零件的装卡、加工，通常在轴的两端加工出中心孔，如图 4-46（a）所示。国家标准中的中心孔有 A 型、B 型、C 型等，其表示法见表 4-12。

在零件图中，标准中心孔用图形符号加标记的方法来表示，如图 4-46（b）所示，各种标准中心孔的图形符号和标记含义见表 4-12。

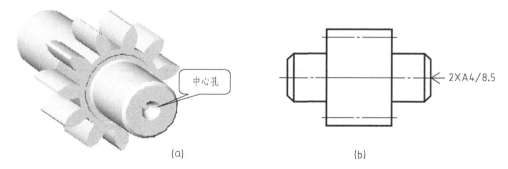

（a）　　　　　　　　　　　　　　（b）

图 4-46　中心孔

表 4-12　中心孔表示法（摘自 GB/T 4459.5—1999）

要求	规定表示法	简化表示法	说明
在完工的零件上要求保留中心孔	GB/T 4459.5–B4/12.5	B4/12.5	采用 B 型中心孔 $D=4$，$D_1=12.5$
在完工的零件上可以保留中心孔（是否保留都可以，多数情况如此）	GB/T 4459.5–A2/4.25	A2/4.25	采用 A 型中心孔 $D=2$，$D_1=4.25$ 一般情况下，均采用这种方式
	2×A4/8.5 GB/T 4459.5	2×A4/8.5	采用 A 型中心孔 $D=4$，$D_1=8.5$ 轴的两端中心孔相同，可只在一端标注
在完工的零件上不允许保留中心孔	GB/T 4459.5–A1.6/3.35	A1.6/3.35	采用 A 型中心孔 $D=1.6$，$D_1=3.35$

注：1. 对于标准中心孔，在图样中可不绘制其详细结构。

2. 简化标注时，可省略标准编号。

3. 尺寸 L 取决于零件的功能要求。

（3）轴套类零件常用的表达方法

① 轴套类零件一般在车床上加工，应按形状特征和加工位置确定主视图，轴线横放，大头在左，小头在右，键槽、孔等结构可以朝前（或朝上），如图 4-42（a）所示。

② 轴套类零件的其他结构形状可以用剖视、断面、局部视图和局部放大图等加以补充，如图 4-48 所示。

③ 实心轴没有剖开的必要，但轴上个别部分的内部结构形状可以采用局部剖视。空心轴则需要剖开表达它的内部结构形状，如图 4-50 所示；外部结构形状简单可采用全剖视；复杂则用半剖视。较长的轴可以断开，但断开的截面一定要相同，如图 4-47 所示。

（4）识读轴套类零件图

识读如图 4-48 所示轴零件图。

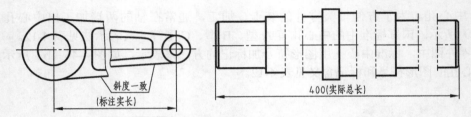

图 4-47　较长的杆件表达实例

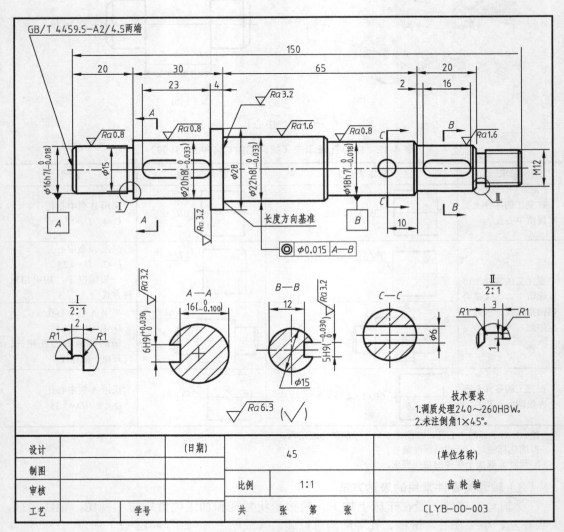

图 4-48　齿轮轴零件图

①从标题栏入手认识零件。从标题栏可以知道这个零件是部件中的齿轮轴，材料是 45 钢。件数 1，说明每个部件上只有一件这样的轴。图样的比例是 1∶1，说明实物与图形一样大。

②从视图入手识读零件的形状。采用前面所述的三步法识读零件图，该零件采用了一个主视图、两个局部放大图和三个断面图来表达该齿轮轴，结构比较复杂。主视图水平放置，由七段同轴、但直径不同的圆柱体从左至右叠加而成。根据主视图上标注的 A—A、B—B、C—C 断面的剖切位置，在图的下方就可以找到相应名称的断面图，由此判断有两个

安装键的键槽和一个圆孔。Ⅰ局部放大图是砂轮越程槽、Ⅱ局部放大图是螺纹退刀槽，两端各有一个中心孔。除此之外，有多处便于装配的倒角，由此可以想象出该零件的结构如图 4-49 所示。

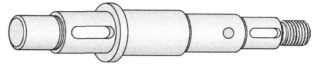

图 4-49　齿轮轴

③ 从尺寸入手确定零件大小。三步标注尺寸的方法同样适用于看图中所注尺寸，轴的最大直径是 $\phi28$，长 150，是个不太大的轴。轴的径向基准的是 $\phi16h7$ 和 $\phi18h7$ 的轴线；长度方向的尺寸基准是 $\phi28$ 的右端面，在加工和检验时，要以其作为测量尺寸的起点，才能保证零件的质量要求。零件上的未注倒角，用文字在技术要求中说明。

④ 从图中符号入手确定零件的加工质量。

a. 看表面结构要求。由表面结构标注可知，该轴只对表面粗糙度有要求，通过表面结构代号，就可以知道这个零件要经过哪些加工方法才能够完成。一般有配合要求的表面，其表面粗糙度参数值较小，如齿轮轴 $\phi16h7$ 和 $\phi18h7$ 的表面粗糙度为 $Ra0.8$，$\phi22h8$ 的表面粗糙度为 $Ra1.6$；$\phi28$ 两端面的表面粗糙度为 $Ra3.2$，其余表面均为 $Ra6.3$。

b. 看尺寸公差。$\phi16h7$ 和 $\phi18h7$ 尺寸公差都是 7 级，$\phi22h8$ 尺寸公差是 8 级，这些尺寸都是重要尺寸。

c. 看几何公差。齿轮轴 $\phi22h8$ 的轴线相对 $\phi16h7$ 和 $\phi18h7$ 轴线有同轴度要求，允许误差在 $\phi0.015$ 的范围内。

d. 看其他技术要求。主要指用文字形式给出的技术要求，图中用文字说明零件要经过调质处理得到布氏硬度为 240 ～ 260。

轴套类零件
的识读

【练习 4-1】　如图 4-50 所示为一个空心轴，如图 4-51 所示为一个偏心轴，用上述方法识读此两个零件图。

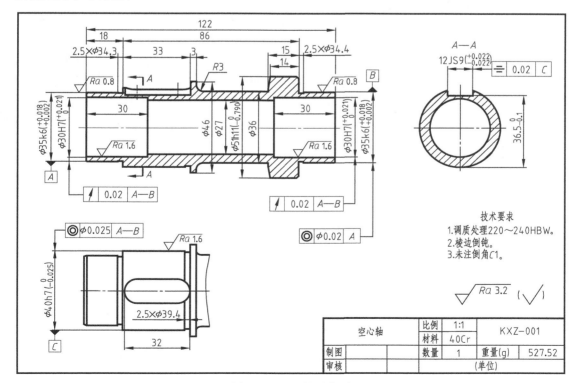

图 4-50　空心轴零件图

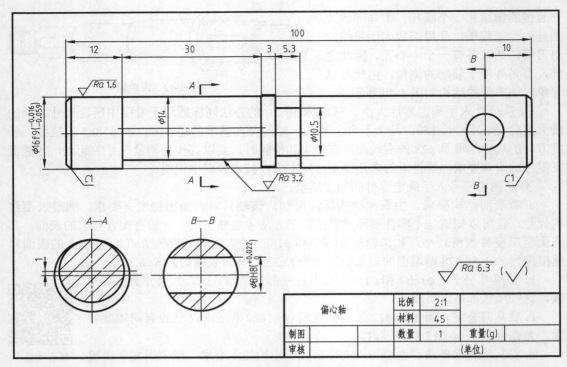

图 4-51　偏心轴零件图

4.3.2　轮盘类零件的识读

（1）轮盘类零件的结构特点

轮盘类零件也是组成机器的常见零件，盘盖类零件的主要功用是连接、支承、密封、轴向定位以及传递运动及动力等。

例如：轴承端盖、各种泵盖、齿轮、蜗轮、带轮、链轮、手轮、离合器中的摩擦盘等，主要结构形状是回转体，其特点为径向尺寸大，轴向尺寸小。此外，盘盖类零件通常还带有各种形状的凸缘、沿周向均布的圆孔、轮辐和肋板等局部结构，如图 4-52 所示。

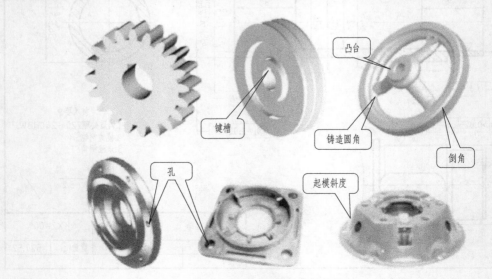

图 4-52　轮、盘零件的立体图

（2）轮盘类零件的工艺结构

轮盘类零件一般为铸件或锻件，铸、锻件毛坯再经机械加工而成，故其工艺结构主要有铸造圆角、起模斜度、退刀槽、螺纹、倒角、砂轮越程槽、键槽以及均布的孔等结构，如图 4-52 所示。

有些轮盘类零件上常带有按某些规律分布的光孔、螺纹孔、销孔、沉孔等，这些孔的尺寸可以按一般标注法标注，也可以简化标注，如表 4-13 所示。

表 4-13　零件上常见孔的注法

零件结构类型		一般标注	简化标注		说　明
光孔	一般孔	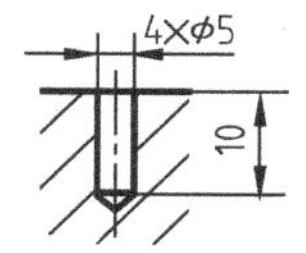 $4×\phi5$　10	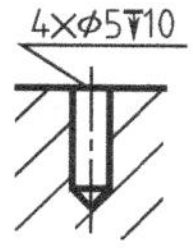 $4×\phi5\underline{\downarrow}10$	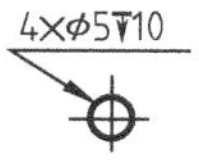 $4×\phi5\underline{\downarrow}10$	$\underline{\downarrow}$深度符号 $4×\phi5$ 表示 4 个直径为 5mm 光孔，深 10mm。
	锥孔	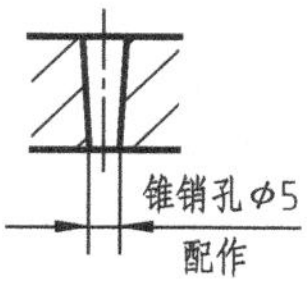 锥销孔$\phi5$ 配作	 锥销孔$\phi5$ 配作	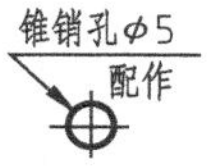 锥销孔$\phi5$ 配作	$\phi5$ 是与锥销孔相配的圆锥销小端直径。锥销孔通常是在两零件装在一起时加工的
沉孔	锥形沉孔	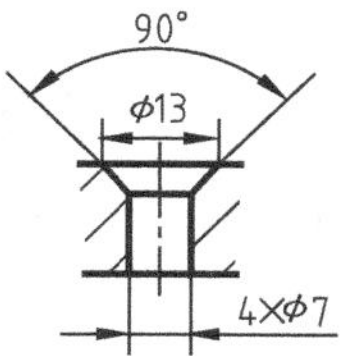 $90°$ $\phi13$ $4×\phi7$	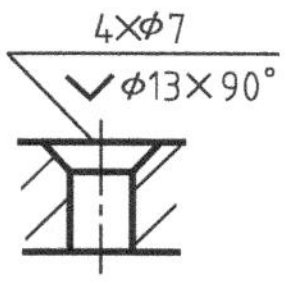 $4×\phi7$ $\vee\phi13×90°$	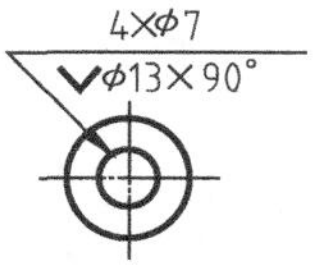 $4×\phi7$ $\vee\phi13×90°$	$\vee$埋头孔符号 $4×\phi7$ 表示 4 个直径为 7mm 光孔，90° 锥形沉孔的直径为 $\phi13$mm
	柱形沉孔	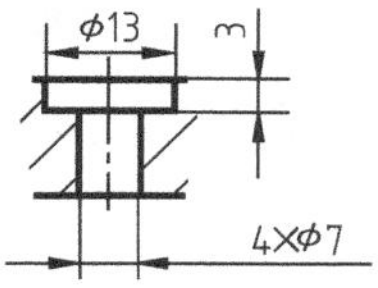 $\phi13$ 3 $4×\phi7$	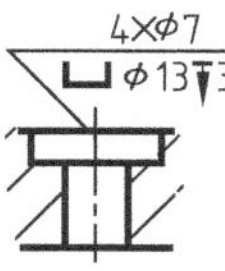 $4×\phi7$ $\sqcup\phi13\underline{\downarrow}3$	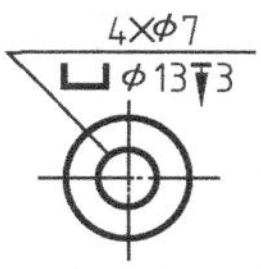 $4×\phi7$ $\sqcup\phi13\underline{\downarrow}3$	$\sqcup$沉孔及锪平符号 4 个柱形沉孔的小直径为 $\phi7$，大直径为 $\phi13$，深度 3mm

续表

零件结构类型		一般标注	简化标注		说　明
沉孔	锪平沉孔	φ13　锪平 4×φ7	4×φ7 ⌴φ13	4×φ7 ⌴φ13	锪平φ13mm的深度不必标出，一般锪平到不出现毛面为止
螺孔	通孔	2×M8	2×M8	2×M8	2×M8表示公称直径为8mm的两个螺纹孔
	不通孔	2×M8 10 14	2×M8▼10 孔▼14	2×M8▼10 孔▼14	表示两个螺孔M8的螺纹长度为10mm，钻孔深度为14mm

（3）轮盘类零件表达方法

① 轮盘类零件主要是在车床上加工，所以应按形状特征和加工位置选择主视图，轴线横放；对有些不以车床加工为主的零件，可按形状特征和工作位置确定。

② 轮盘类零件一般需要两个或两个以上视图，主视图全剖，左视图表达外形和均布的孔、槽等结构，对于有键槽的孔结构，可以只画出孔和键槽部分，如图 4-53 所示；视图具有对称平面时，可画一半，如图 4-54 所示。

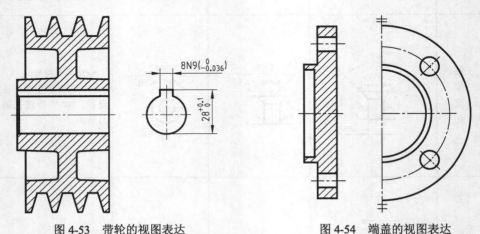

图 4-53　带轮的视图表达　　　　　图 4-54　端盖的视图表达

③ 轮盘类零件的其他结构形状，如轮辐可用移出断面或重合断面表示。

（4）识读轮盘类零件图

识读图 4-55 所示的阀盖零件图。

① 从标题栏入手认识零件。从标题栏可以知道这个零件是球阀阀盖，材料是铸铁（HT200），1件，图样的比例是 1∶1，说明实物的大小与图形一样大。

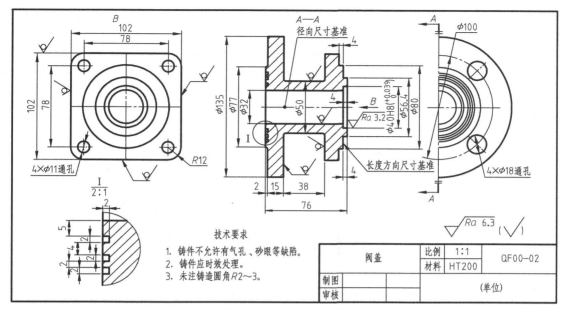

图 4-55　球阀阀盖零件图

② 从视图入手识读零件的形状。三步法识读零件图。球阀阀盖采用三个视图加一个局部放大图来表达。主视图采用全剖视图，主要表达阀盖的内部结构和各部分的相对位置。左视图表达左端圆柱板的外形和均布的各孔，由于图形对称，可画一半；右视图表达右端方形板的形状和各孔的位置，放大图主要表达密封槽的大小和结构。

从主视图可以看出阀盖主要由左、中、右三部分组成，中间形状是一个圆柱体，如图 4-56（a）所示；左边有一个圆柱板，如图 4-56（b）所示；右边有一个方形板，如图 4-56（c）所示；中间有一个 $\phi32$ 圆孔，在圆柱板上有四个均布的圆孔和密封槽，在方形板上也有四个圆孔，阀盖整体形状如图 4-56（d）所示。

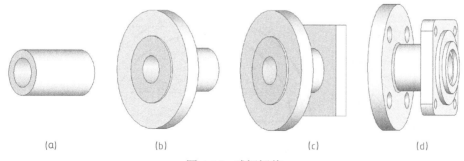

(a)　　　　　　　　(b)　　　　　　　　(c)　　　　　　　　(d)

图 4-56　球阀阀盖

③ 从尺寸入手确定零件大小。阀盖长 76，最大直径 135，是一个铸件。以 $\phi32$ 圆柱孔的轴线为径向（高度和宽度）尺寸基准，以 $\phi80$ 的端面为长度基准，在加工和检验时，要以其作为测量尺寸的起点，才能保证零件的质量要求。右端有一个 $\phi40H8$ 的孔，有尺寸公差要求，其余为自由尺寸。零件上的未注铸造圆角用文字写在技术要求中。

④ 从图中符号入手确定零件的加工质量。阀盖左、右两个端面都需要加工，其表面粗糙度为 $Ra6.3$，铸造时应留有加工余量，其余表面不需要加工。

轮盘类零件
的识读

右端有一个 ϕ40H8 的孔，有配合要求，其表面粗糙度为 *Ra*3.2；同时用文字说明对铸造零件的铸造要求。

【练习4-2】 如图4-57所示为一个振动带轮，如图4-58所示为手轮，用上述方法识读此两个零件图。

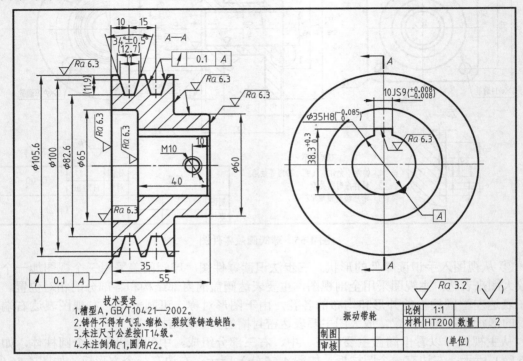

技术要求
1.槽型A，GB/T10421—2002。
2.铸件不得有气孔、缩松、裂纹等铸造缺陷。
3.未注尺寸公差按IT14级。
4.未注倒角C1，圆角R2。

振动带轮	比例	1:1	
	材料	HT200	数量 2
制图			
审核		(单位)	

图 4-57　振动带轮零件图

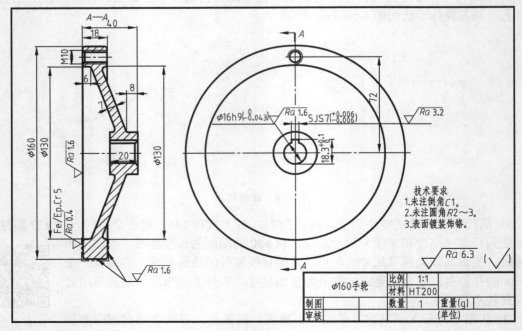

技术要求
1.未注倒角C1。
2.未注圆角R2～3。
3.表面镀装饰铬。

ϕ160手轮	比例	1:1	
	材料	HT200	
制图	数量	1	重量(g)
审核		(单位)	

图 4-58　手轮零件图

4.3.3　叉架类零件的识读

（1）叉架类零件的结构特点

叉架类零件包括各种用途的拨叉和支架。拨叉主要用在机床、内燃机等各种机器上的操纵机构上，操纵机器、调节速度。支架主要起支承和连接作用。这类零件的形体较为复杂，与轴套类零件和盘盖类零件相比，不同的叉架类零件所具有的结构、形状不同，有的还有弯曲或倾斜结构，没有一定的规则。

大多数叉架类零件的形状结构按功能的不同，常分为工作部分（由圆柱构成）、安装固定部分（由板构成）和连接部分（由肋板构成），肋板的形状是各种各样的，如图4-59所示。

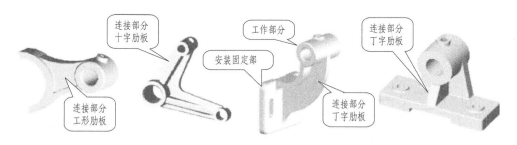

图 4-59　叉架类零件结构特点

（2）叉架类零件的表达方法

① 叉架类零件一般是铸件和锻件毛坯，毛坯形状较为复杂，需经不同的机械加工，而加工位置变化大，难以分出主次。

在选择主视图时，方向不能选错，不然会给画图带来麻烦。如图4-60所示，主视方向的底板是倾斜的，有积聚性，选择其他方向时，底板不能反应实形，会给画图带来不便。

② 叉架类零件的结构形状较为复杂，一般都需要两个以上视图。由于叉架类零件往往具有倾斜结构，所以仅采用基本视图很难清楚地表达某些局部结构的详细形状，因此常常采用局部视图、斜视图、斜剖视和断面来表达零件的细部结构。如图4-60所示，为了画图方便，左视图将不反映底板实形的视图部分不画，画成局部视图，而用一个 A 向斜视图（旋转）表达底板的形状，连接的十字肋板用移出断面表达。

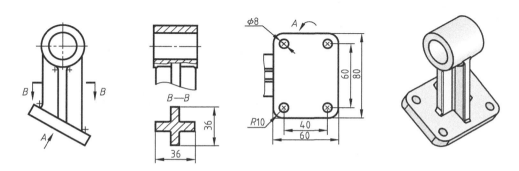

图 4-60　叉架类零件表达实例

（3）识读叉架类零件图

识读如图4-61所示的踏脚座零件图。

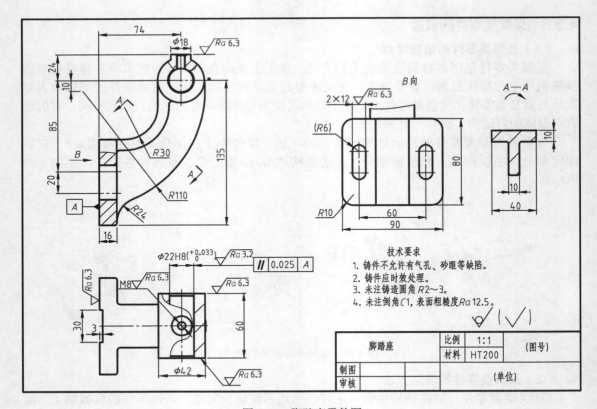

图 4-61　脚踏座零件图

① 从标题栏入手认识零件。从标题栏中可知，零件名称是脚踏座，比例 1 : 1，说明实物的大小与图形一样，材料为铸铁（**HT200**），说明为铸件。

② 从视图入手识读零件的形状。脚踏座用四个视图表达，主视图是根据工作位置选定的，表达零件的外形；俯视图表达安装板、肋板和圆柱体的宽度，以及它们的相对位置；*B* 向局部视图，表达安装板左端面的形状；采用 *A—A* 移出断面表达丁字形肋板形状。

脚踏座的工作部分是圆柱体，左端有一个长方形的底板，圆柱的轴线距底板左端面的距离为 74，且相互平行，如图 4-62（a）所示；底板与圆柱之间由丁字形肋板相连，在圆柱的上部有一凸台，如图 4-62（b）所示；在圆柱和凸台上开有孔、在底板上有两个长圆孔，脚踏座形状如图 4-62（c）所示。

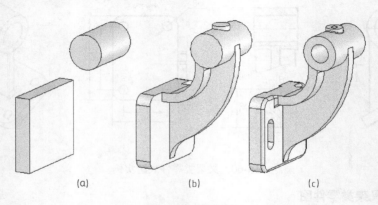

(a)　　　　　　　　(b)　　　　　　　　(c)

图 4-62　脚踏座

③ 从尺寸入手确定零件大小。脚踏座是一个铸件。零件长度方向的尺寸基准是底板左端面；高度方向的尺寸基准是圆柱的轴线；从这两个基准出发，分别标注出 74、85，定出上部轴承的轴线位置。宽度方向的尺寸基准是前后方向的对称面，由此标注出的尺寸是 30、40、60，在 A 向局部视图中注出两孔的定位尺寸 60 以及底板的宽度 90。

④ 从图中符号入手确定零件的加工质量。踏脚板的重要部位是上部的圆柱，其两个端面、内孔和上部的凸台顶面都需要加工，底板的左端面和长圆孔需要加工，这些部位铸造时应留加工余量，其余为不加工表面。工作部位 $\phi20^{+0.035}_{0}$ 有尺寸公差要求，其表面粗糙度为 $Ra6.3$，其余加工面为 $Ra12.5$。$\phi20^{+0.035}_{0}$ 轴线与底板左端面还有平行度的要求。未注铸造圆角 $R3$ 在技术要求中说明。

叉架类零件的识读

【练习 4-3】 根据上述识读叉架类零件图的方法，识读如图 4-63 和图 4-64 所示的零件图。

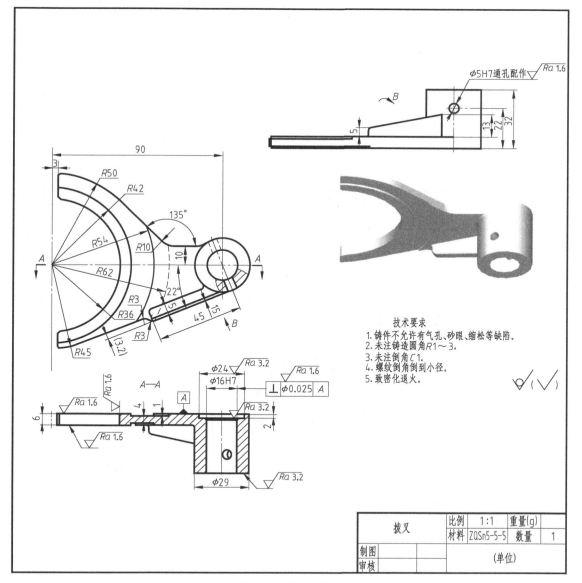

图 4-63 拨叉零件图

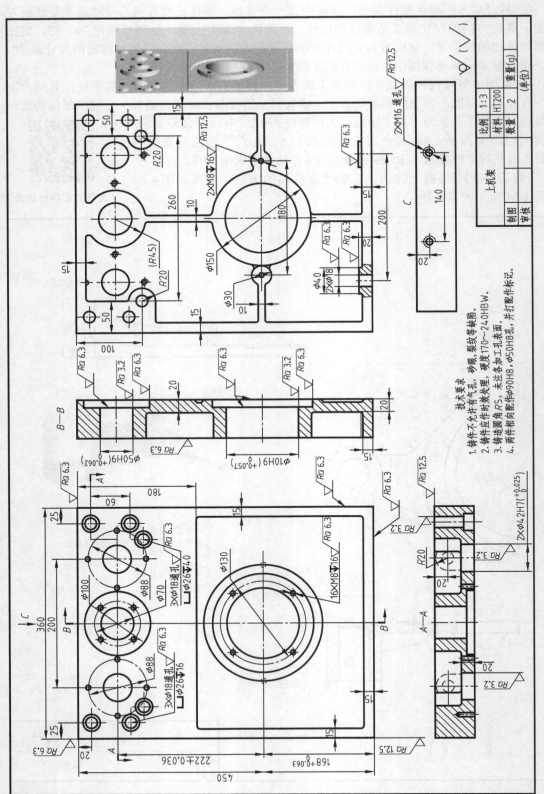

图 4-64　上机架零件图

技术要求
1. 铸件不允许有气孔、砂眼、裂纹等缺陷。
2. 铸件应作时效处理，硬度170～240HBW。
3. 铸造圆角 R5，未注各加工孔表面。
4. 两件相向配作作 ϕ90H8、ϕ50H8孔，并打配作标记。

比例	1:3		
材料	HT200		重量(g)
数量	2		
			(单位)

上机架

制图
审核

4.3.4　箱体类零件的识读

（1）箱体类零件的结构特点

箱体类零件是机器或部件的外壳或座体，如各类机体（座）、泵体、阀体、尾架体等，它是机器或部件中的主体件，起着支承、容纳、定位和密封等作用。

箱体类零件结构形状复杂，多为铸件经过必要的机加工而成。总体特点是中空的壳或箱，连接固定用的凸缘，支承用的轴孔、肋板，固定用的底板等，此外还常有销孔、倒角、起模斜度、铸造圆角等加工工艺结构，如图 4-65 所示。另外，箱体类零件也有焊接而成的。

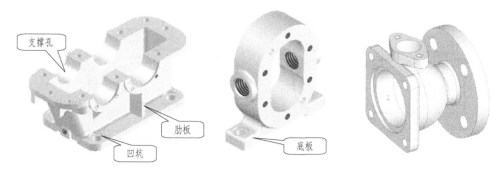

图 4-65　箱体类零件结构特点

（2）箱体类零件的铸造工艺结构

① 起模斜度。铸造零件时，为了便于从砂型中取出模型，一般沿模型起模方向做成一定的斜度，叫做起模斜度。木模常为 1°～3°；金属模用手工造型时为 1°～2°，用机械造型时为 0.5°～1°。起模斜度一般不在零件图上画出，可在技术要求中用文字说明，如图 4-66 所示。

② 铸造圆角。在铸件毛坯各表面的相交处，都有铸造圆角，这样既能方便起模，又能防止浇铸铁水时将砂型转角处冲坏，还可避免铸件在冷却时产生裂纹或缩孔，如图 4-67 所示。铸造圆角在图样上一般不予标注，常集中注写在技术要求中。圆角半径一般取壁厚的 0.2～0.4 倍，在同一铸件上圆角半径应尽可能相同。

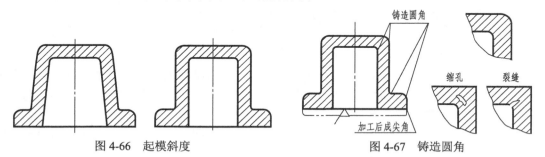

图 4-66　起模斜度　　　　　　　图 4-67　铸造圆角

③ 铸件壁厚。在浇铸件零件时，为了避免因各部分冷却速度不同而产生缩孔或裂缝，铸件壁厚应保持大致相等或逐渐过渡，如图 4-68 所示。

④ 过渡线。由于铸件上圆角、起模斜度的存在，使得铸件上的形体表面交线不十分明显，这种线称为过渡线。过渡线的画法和相贯线的画法一样，按没有圆角的情况求出相贯线的投影，画到理论上的交点为止。过渡线应该用细实线绘制，且不宜与轮廓线相连，如图 4-69 所示。

⑤ 凸台与凹坑。在箱体零件中，为了减少加工面，保证零件接触良好，往往有凸台或凹坑结构，如图 4-70 所示。

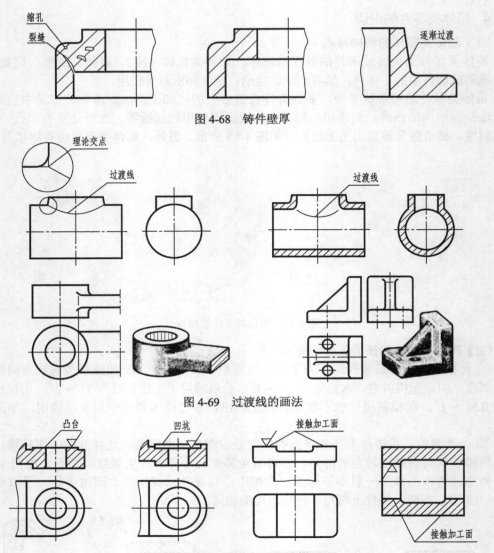

图 4-68   铸件壁厚

图 4-69   过渡线的画法

图 4-70   凸台与凹坑结构

　　箱体类零件一般都较为复杂，非工作面和不接触面不需要加工，但凡需要加工的面在图中一定要注出。在制作模型时，这些加工面是要留加工余量的，不需要加工的面不留余量。

　　（3）箱体类零件的表达方法

　　① 箱体类零件多数经过较多工序制造而成，各工序的加工位置不尽相同，因而主视图主要按形状特征或工作位置确定，如图 4-71 和图 4-72 所示。

　　② 箱体类零件一般都较复杂，常需要三个以上的视图。对内部结构形状都采用剖视图表示。如果内、外部结构形状复杂，且具有对称面时，可采用半剖视；如果外部结构形状复杂，内部结构形状简单，可采用局部剖视或用虚线表示；如果外部、内部结构形状都较复杂，且投影不重叠，也可采用局部剖视；重叠时，外部结构形状和内部结构形状应分别表达；对局部的外部、内结构形状可采用局部视图、局部剖视和断面来表示。

　　③ 箱体类零件投影关系复杂，常会出现截交线和相贯线；由于它们是铸件毛坯，所以经常会遇到过渡线。

箱体类零件

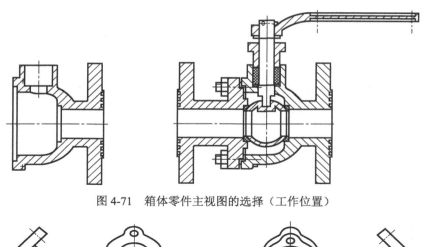

图 4-71　箱体零件主视图的选择（工作位置）

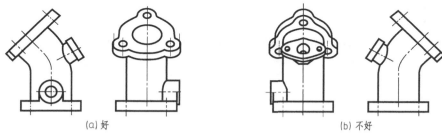

(a) 好　　　　　　　　　　　　　　(b) 不好

图 4-72　箱体零件主视图的选择

（4）识读箱体类零件图

① 识读如图 4-73 所示的球阀阀体零件图。

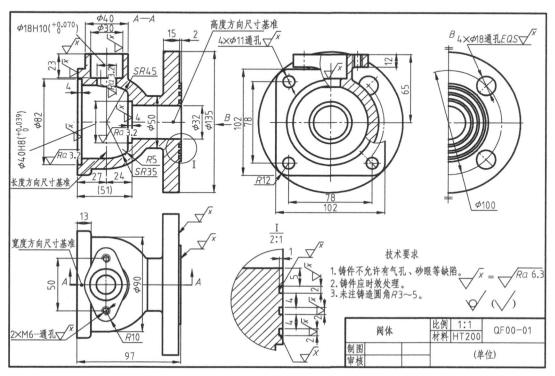

图 4-73　球阀阀体零件图

　　a. 从标题栏入手认识零件。从标题栏中可知零件名称是阀体、它是用来容纳和支承阀芯、阀杆及密封圈的箱体类零件。材料为铸铁（HT200），比例为 1 ∶ 1，说明实物的大小与图形一样。

　　b. 从视图入手识读零件的形状。阀体采用三个基本视图、一个 B 向视图和一个局部放大图来表达。主视图按工作位置放置，采用全剖视图，表达阀体空腔和主要结构形状；左视图采用局部剖视图表达；B 向视图表达右端面的形状和四个孔的位置，因为对称只画一半；放大图表达端面的环形槽的大小和位置。

　　阀体的主体形状是半个球体和圆柱相切，如图 4-74（a）所示；由 B 向视图可知，阀体右端为一圆盘，如图 4-74（b）所示；由左视图和主视图可以看出，阀体左端面为一方形板，如图 4-74（c）所示；根据俯视图和左视图可以看出，在球体中心的上方有一圆柱，圆柱的上部有一菱形板，如图 4-74（d）所示；阀体的空腔形状可以根据主视图所标尺寸及侧视图的局部剖看出，如图 4-74（e）所示；切除左右端面各孔，综合所有图形想出阀体形状，阀体形状如图 4-74（f）所示。

　　阀体主视图和左视图的剖切位置和方法如图 4-75 所示。

　　c. 从尺寸入手确定零件大小。阀体零件长度方向的尺寸基准是主视图中的垂直轴线；宽度方向的尺寸基准是俯视图的前后对称平面；高度方向的尺寸基准是主视图中的水平轴线。从这三个基准出发，分别标注出各形体的定形尺寸和定位尺寸，如图 4-73 所示。

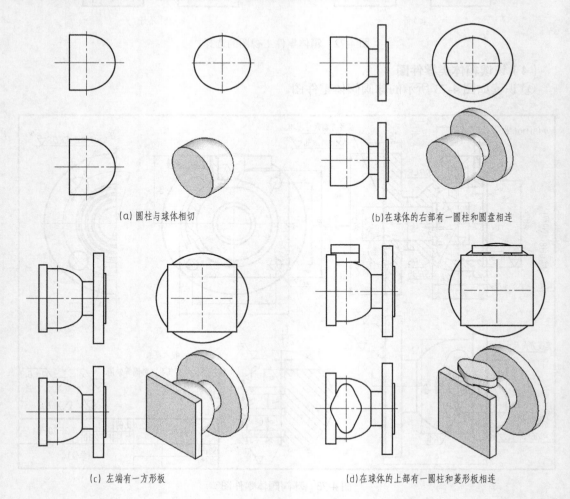

(a) 圆柱与球体相切

(b) 在球体的右部有一圆柱和圆盘相连

(c) 左端有一方形板

(d) 在球体的上部有一圆柱和菱形板相连

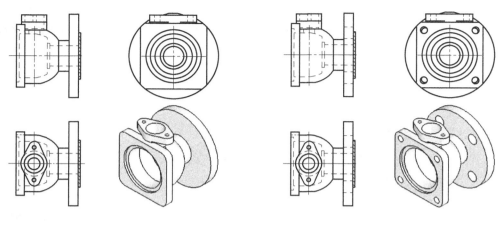

(e) 在左边有一球形内腔，上部有一阶梯孔与　　　　　　(f) 开挖左、右端面和上面各孔，阀体成形
内腔相通，右端有一圆柱孔与内腔相通

图 4-74　球阀阀体

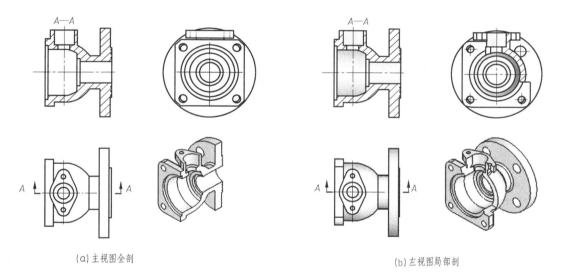

(a) 主视图全剖　　　　　　　　　　　　　　(b) 左视图局部剖

图 4-75　主、左视图的剖切位置

　　d. 从图中符号入手确定零件的加工质量。阀体是容纳其他零件的零件，是铸造零件，要分清加工面和非加工面，左、右端面以及端面上均布的各孔，菱形的上面及其阶梯孔，螺纹孔是加工面，其余是不加工面。其重要工作部位是 ϕ40H8 安装密封圈，ϕ18H10 安装阀杆，有尺寸公差要求，其表面粗糙度为 Ra3.2。其余加工面为零件与零件的结合面，没有配合要求，其表面粗糙度为 Ra6.3。技术要求中注明对铸造件的要求。

球阀零件图
的识读

　　② 识读如图 4-76 所示的弯头零件图。

　　a. 从标题栏入手认识零件。从标题栏中可知，零件名称是弯头，它是用来连接管路的，并且允许介质流动。材料为铸铁（HT200），比例为 1 ∶ 1，说明实物的大小与图形一样。

　　b. 从视图入手识读零件的形状。弯头采用两个基本视图、两个斜视图和一个局部剖视图来表达。由于弯头有一个工作面是倾斜的，主视图的选择上要特别注意，主视图的选择如

图 4-72 所示。主视图采用局部剖视图，表达弯头的外形和内部结构；俯视图采用 *A—A* 剖视图表达，主要反映 $\phi20$ 的孔和内部是相通的；*B*、*C* 向斜视图表达两个端面的形状和小孔的位置。

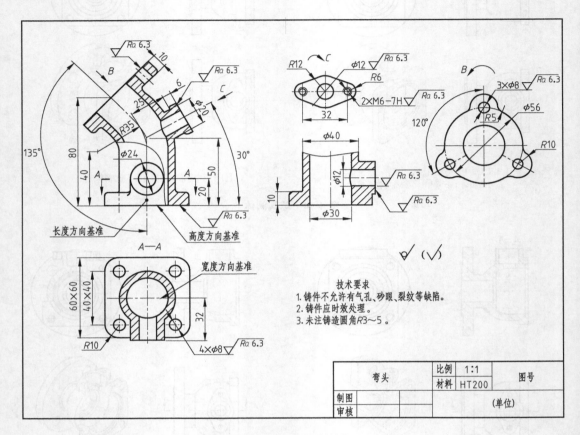

图 4-76　弯头零件图

弯头的主体形状是个弯曲的圆柱管，如图 4-77（a）所示；在圆柱管的下面有一个方形板，如图 4-77（b）所示；在弯管的上部有一个倾斜面的"三角形"板，形状如图 4-77（c）所示；在弯管的前部，有一个半圆形的凸台，中间有一个孔与弯管内腔相通，形状如图 4-77（d）所示；在弯管的右上方有一个菱形板，中间有一个孔与弯管内腔相通，形状如图 4-77（e）所示；综合所有图形想象出弯头的形状，弯头的形状如图 4-77（e）所示。

弯头的内部结构形状如图 4-78 所示。

c. 从尺寸入手确定零件大小。弯头零件长度方向的尺寸基准是主视图中的垂直轴线；宽度方向的尺寸基准是俯视图圆管的前后对称平面；高度方向的尺寸基准是弯管的底面。从这三个基准出发，分别标注出个形体的定形尺寸和定位尺寸，如图 4-76 所示。

d. 从图中符号入手确定零件的加工质量。弯头是一个连接其他零件的零件，其重要工作部位是几个端面，其表面粗糙度为 *Ra*6.3，其余加工面为各端面的孔，没有配合要求，其表面粗糙度为 *Ra*6.3。

弯头是铸造类零件，外形较复杂，不需要加工，有许多铸造圆角。除图中已注出的圆角外，技术要求中注明"未注铸造圆角 *R*3"。

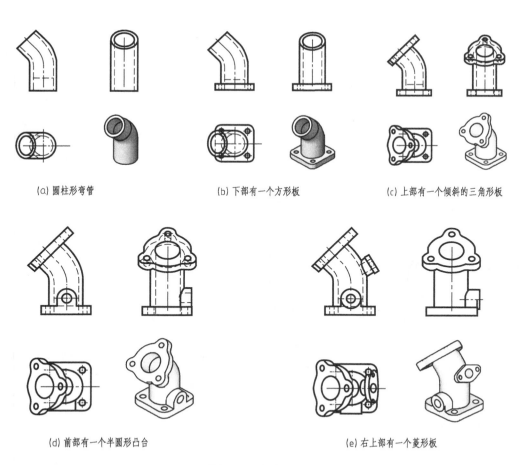

(a) 圆柱形弯管　　　　　　　　　(b) 下部有一个方形板　　　　　　(c) 上部有一个倾斜的三角形板

(d) 前部有一个半圆形凸台　　　　　　　　(e) 右上部有一个菱形板

图 4-77　弯头（一）

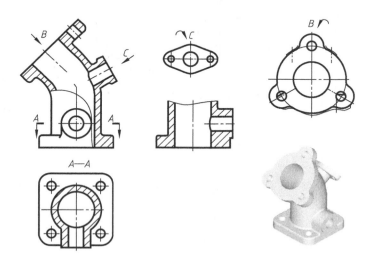

图 4-78　弯头（二）

【练习 4-4】　识读如图 4-79 和图 4-80 所示的零件图。

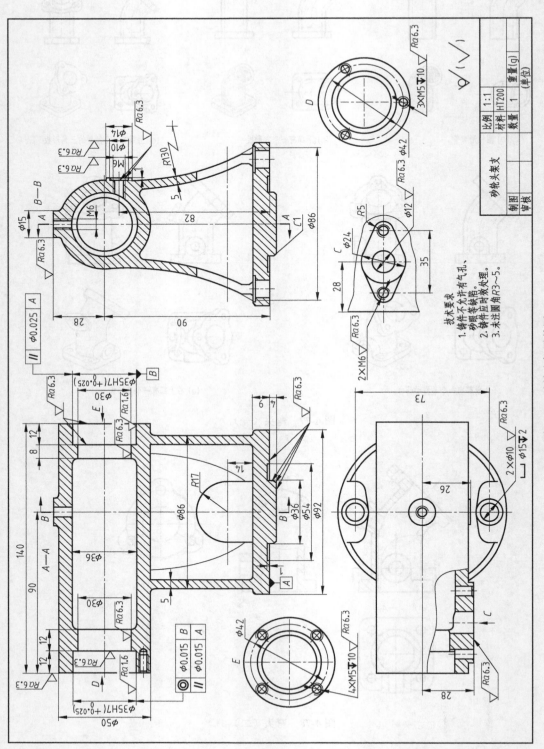

图 4-79 砂轮头架零件图

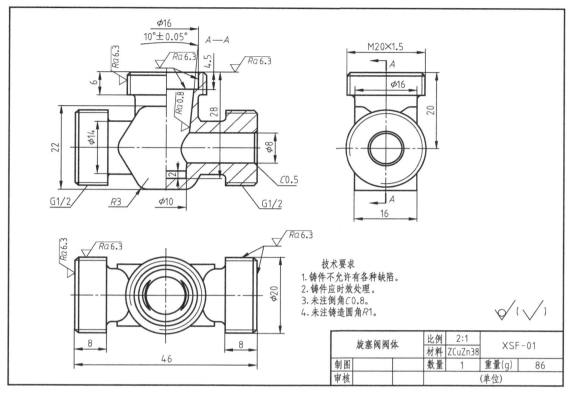

图 4-80　旋塞阀阀体零件图

4.3.5　齿轮零件的结构及画法

齿轮传动在机器中除了传递动力和运动外，还具有减速、增速、变向、改变运动形式等功能。齿轮传动种类很多，根据传动轴的相对位置不同，常见的有圆柱齿轮传动——用于两平行轴之间的传动；圆锥齿轮传动——用于两相交轴之间的传动；蜗轮蜗杆传动——用于两交叉轴之间的传动，如图 4-81 所示。

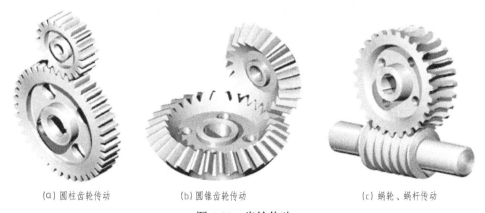

（a）圆柱齿轮传动　　　　（b）圆锥齿轮传动　　　　（c）蜗轮、蜗杆传动

图 4-81　齿轮传动

齿轮是常用件，齿轮的几何参数中只有模数、压力角已经标准化。

（1）直齿圆柱齿轮的结构及画法

① 直齿圆柱齿轮的基本参数、各部分名称和尺寸关系

a. 直齿圆柱齿轮的基本参数和轮齿各部分名称

如图 4-82 所示为互相啮合的两个齿轮的一部分，各部分名称及其代号如下。

- 齿数（z）——齿轮上轮齿的个数。
- 齿顶圆（直径 d_a）——通过轮齿顶部的圆。
- 齿根圆（直径 d_f）——通过轮齿根部的圆。
- 分度圆（直径 d）——设计、加工齿轮时，为进行尺寸计算和方便分齿而设定的一个基准圆。

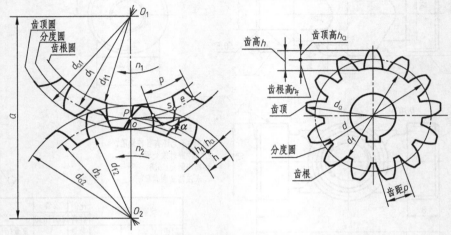

图 4-82   直齿圆柱齿轮各部分名称

- 节圆（直径 d'）——两齿轮啮合时，连心线 O_1O_2 上两相切的圆称为节圆，节圆直径只有在装配后才能确定。一对正确安装的标准齿轮，其分度圆和节圆重合。
- 齿高（h）——齿顶圆与齿根圆的径向距离。
- 齿顶高（h_a）——齿顶圆与分度圆的径向距离。
- 齿根高（h_f）——分度圆与齿根圆的径向距离。
- 齿距（p）——在分度圆上，相邻两齿对应点间的弧长。
- 齿厚（s）——在分度圆上每个齿的弧长。
- 槽宽（e）——在分度圆上两齿槽间的弧长。在标准齿轮中，$s=e,p=s+e$。
- 压力角（α）——过齿廓与分度圆交点的径向直线与在该点处的齿廓切线所夹的锐角。我国规定标准齿轮的压力角为 20°。
- 啮合角（α'）——两齿轮传动时，两啮合轮齿齿廓在节点 p 处的公法线与两节圆的公切线所夹的锐角，称为啮合角。一对正确安装的标准齿轮，其啮合角等于压力角。

- 模数（m）：由图 4-82 可知：$\pi d=pz$，所以 $d=\dfrac{p}{\pi}z$。

比值 $\dfrac{p}{\pi}$ 称为齿轮的模数，即 $m=\dfrac{p}{\pi}$，故 $d=mz$。

两啮合的齿轮，模数 m 必须相等。为了便于齿轮的设计和加工，国家标准已将齿轮的模数标准化，如表 4-14 所示。选用时优先采用第一系列，其次是第二系列，括号内的模数尽量不用。

表 4-14   齿轮模数标准系列

第一系列	1	1.25	1.5	2	2.5	3	4	5	6	8	10	12	16	20	25	32	40	50
第二系列	1.75	2.25	2.75	（3.75）	4.5	5.5	（6.5）	7	9	（11）	14	18	22	28	36	45

b. 齿轮各部分的尺寸关系。设计齿轮时，首先要选定模数和齿数，其他尺寸都可以由模数和齿数计算出来，标准直齿圆柱齿轮各部分尺寸关系见表 4-15。

表 4-15 标准直齿圆柱齿轮各部分尺寸关系

名称	代号	尺寸关系	名称	代号	尺寸关系
模数	m	由设计确定	齿高	h	$h = h_a + h_f = 2.25m$
分度圆直径	d	$d = mz$	齿顶圆直径	d_a	$d_a = d + 2h_a = m(z+2)$
齿顶高	h_a	$h_a = m$	齿根圆直径	d_f	$d_f = d - 2h_f = m(z-2.5)$
齿根高	h_f	$h_f = 1.25m$	两啮合齿轮中心距	a	$a = (d_1 + d_2)/2 = m(z_1 + z_2)/2$

② 直齿圆柱齿轮的结构。钢制齿轮的齿根圆直径与轴径相差不大，齿轮和轴可制成一体，称为齿轮轴，如图 4-83（a）所示；尺寸相差较大，齿轮与轴可分别制造，如图 4-83（b）所示。大直径齿轮，中间可用辐板，需要时可在辐板上开出均布的圆孔以减轻重量，如图 4-84 所示。另外，由于加工工艺不同，齿轮上还有键槽、倒角、铸造圆角等结构。

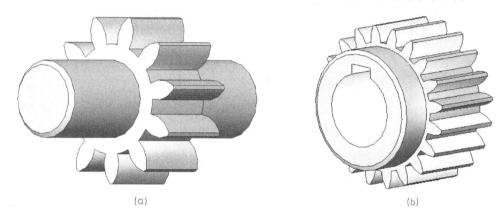

（a）　　　　　　　　　　　　（b）

图 4-83　小直径齿轮的结构

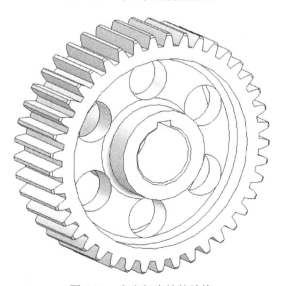

图 4-84　大直径齿轮的结构

③ 直齿圆柱齿轮的画法

a. 单个直齿圆柱齿轮画法。国家标准对齿轮轮齿部分的画法做了统一规定。

齿顶圆和齿顶线用粗实线绘制；分度圆和分度线用细点画线绘制；齿根圆和齿根线用细实线绘制，也可省略不画。

在剖视图中，当剖切平面通过齿轮的轴线时，轮齿一律按不剖绘制，并用粗实线表示齿顶线和齿根线，用细点画线表示分度线，如图4-85（a）所示。圆柱齿轮为斜齿、人字齿时，其画法如图4-85（b）和图4-85（c）所示，用三条与齿线方向一致的细实线表示。齿轮上的其他结构，如键槽、倒角、铸造圆角以及辐板上的圆孔（见图4-84）等结构，则按投影关系或相应的标准和要求画出。

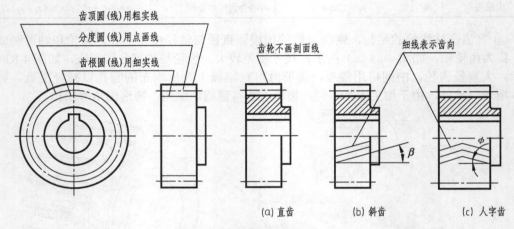

图 4-85　单个直齿圆柱齿轮画法

如图4-86所示为直齿圆柱齿轮的零件图，供画图时参考。注意：圆柱齿轮在标注尺寸时，标注齿顶圆、分度圆，不标注齿根圆，齿面的表面粗糙度标注在分度线上。

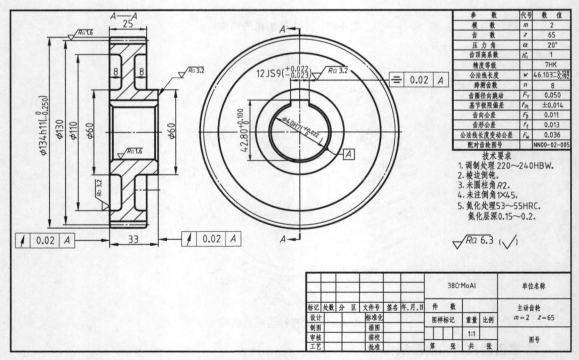

图 4-86　直齿圆柱齿轮零件图

　　b. 直齿圆柱齿轮的啮合画法。两个相互啮合的圆柱齿轮，在垂直于圆柱齿轮轴线的投影面的视图中，啮合区内的齿顶圆均用粗实线绘制，也可省略不画，用点画线画出相切的两节圆，两齿根圆用细实线画出，也可省略不画。在平行于圆柱齿轮轴线的投影面的视图中，啮合区内的齿顶线不需画出，节线用粗实线绘制，其他处的节线用点画线绘制，如图 4-87（a）所示。

　　当画成剖视图且剖切平面通过两啮合齿轮的轴线时，在啮合区内将一个齿轮的轮齿用粗实线绘制，另一个齿轮的轮齿被遮挡的部分用虚线绘制，也可省略不画，如图 4-87（b）所示。在剖视图中，当剖切平面不通过两啮合齿轮的轴线时，轮齿一律按不剖绘制。

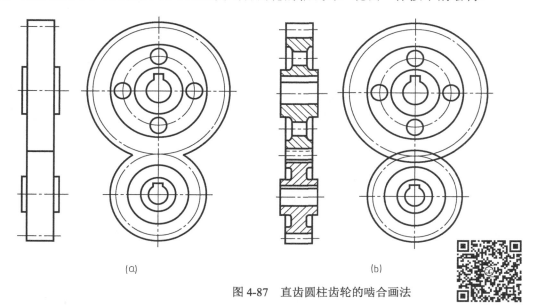

(a)　　　　　　　　　　　　　　　　(b)

图 4-87　直齿圆柱齿轮的啮合画法

直齿圆柱齿轮的
参数及画法

（2）直齿圆锥齿轮的结构及画法

　　传递两相交轴间的回转运动和动力可用成对的圆锥齿轮。圆锥齿轮分为直齿、斜齿、螺旋齿和人字齿等，如图 4-88 所示。

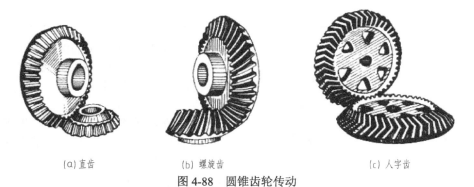

(a) 直齿　　　　　　　　(b) 螺旋齿　　　　　　　　(c) 人字齿

图 4-88　圆锥齿轮传动

　　① 直齿圆锥齿轮的基本参数、各部分名称和尺寸关系。由于直齿圆锥齿轮的轮齿位于锥面上，所以轮齿的齿厚从大端到小端逐渐变小，模数和分度圆也随之变化。为了计算和制造方便，规定用大端模数来计算和决定其他各部分尺寸。表 4-16 列出了圆锥齿轮各部分名称和尺寸关系。

表 4-16　圆锥齿轮各部分名称和尺寸关系

基本参数：大端模数 m、齿数 z 和分锥角 δ

名称	代号	公式	图例
齿顶高	h_a	$h_a=m$	
齿根高	h_f	$h_f=1.2m$	
齿高	h	$h=h_a+h_f$	
分度圆直径	d	$d=mz$	
齿顶圆直径	d_a	$d_a=m(z+2\cos\delta)$	
齿根圆直径	d_f	$d_f=m(z-2.4\cos\delta)$	
锥距	R	$R=mz/2\sin\delta$	
齿顶角	θ_a	$\tan\theta_a=2\sin\delta/z$	
齿根角	θ_f	$\tan\theta_f=2.4\sin\delta/z$	
节锥角	δ_1'	$\tan\delta_1'=z_1/z_2$	
	δ_2'	$\tan\delta_2'=z_2/z_1$	
顶锥角	δ_a	$\delta_a=\delta+\theta_a$	
根锥角	δ_f	$\delta_f=\delta-\theta_f$	
齿宽	b	$b\leqslant R/3$	

② 直齿圆锥齿轮的结构。直齿圆锥齿轮的结构如图 4-89 所示，小的圆锥齿轮一般都采用实体结构，常用材料为钢材；大的圆锥齿轮采用肋板结构，常用材料为铸件。

③ 直齿圆锥齿轮的画法

此处主要介绍单个齿轮画法。轮齿画法与圆柱齿轮基本相同，主视图多采用全剖视图，端视图中大端、小端齿顶圆用粗实线绘制，大端分度圆用细点画线绘制，齿根圆和小端分度圆规定不画，如图 4-90 所示。如图 4-91 所示为圆锥齿轮啮合画法。

如图 4-92 所示为大锥齿轮的零件图。

图 4-89　直齿圆锥齿轮的结构

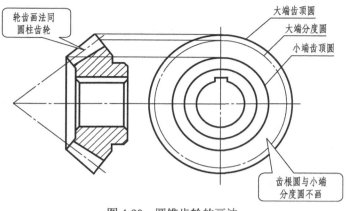

图 4-90 圆锥齿轮的画法

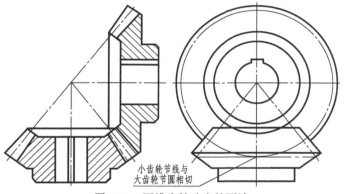

圆锥齿轮的参数
及画法

图 4-91 圆锥齿轮啮合的画法

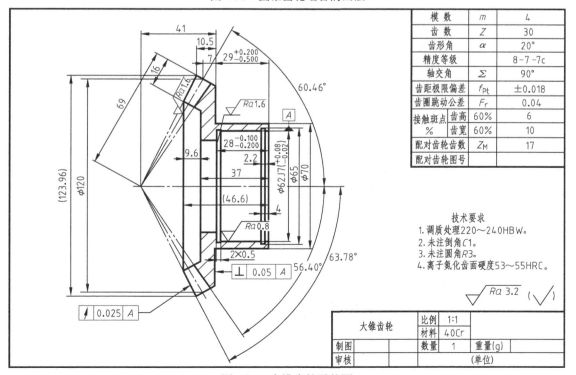

模　数	m	4	
齿　数	Z	30	
齿形角	α	20°	
精度等级		8-7-7c	
轴交角	Σ	90°	
齿距极限偏差	f_{Pt}	±0.018	
齿圈跳动公差	F_r	0.04	
接触斑点 %	齿高	60%	6
	齿宽	60%	10
配对齿轮齿数	Z_M	17	
配对齿轮图号			

技术要求
1. 调质处理220~240HBW。
2. 未注倒角C1。
3. 未注圆角R3。
4. 离子氮化齿面硬度53~55HRC。

大锥齿轮		比例	1:1
		材料	40Cr
制图		数量	1	重量(g)
审核			(单位)

图 4-92 大锥齿轮零件图

（3）蜗轮蜗杆

蜗轮、蜗杆是用来传递空间交叉两轴间的回转运动，最常见的是两轴交叉成直角，如图 4-81 所示。蜗杆为主动件，蜗轮为从动件。蜗杆的齿数 z_1，称为头数，相当于螺杆上螺纹的线数。用蜗杆和蜗轮传动，可得到较大的速比（$i=z_2/z_1$，z_2 为蜗轮齿数）。蜗轮蜗杆传动的缺点是摩擦大，发热多，效率低。

① 蜗轮、蜗杆的结构特点。蜗杆实际上相当于一个齿数不多的斜齿圆柱齿轮，常用蜗杆的轴向剖面和梯形螺纹相似，齿数即螺纹线数。蜗轮可看成圆柱斜齿轮，齿顶常加工成凹弧形，借以增加与蜗杆的接触面积，延长使用寿命。

② 蜗轮、蜗杆的画法

a. 单个蜗轮、蜗杆的画法。画蜗杆时必须知道齿形各部分的尺寸，画法如图 4-93 所示。蜗轮的画法如图 4-94 所示，在投影为圆的视图上，只画分度圆和外圆，齿顶圆和齿根圆可省略不画。

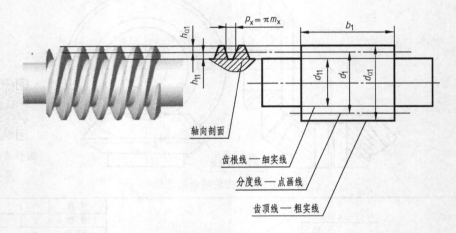

图 4-93　蜗杆的画法

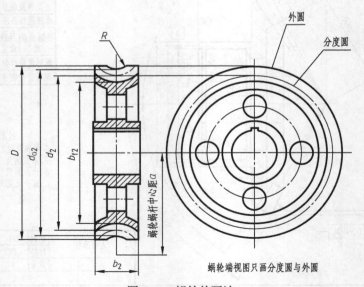

图 4-94　蜗轮的画法

b. 蜗轮、蜗杆的啮合画法。在蜗杆为圆的视图上，蜗轮与蜗杆投影重叠的部分，只画蜗杆的投影；而在蜗轮投影为圆的视图上，啮合区内蜗杆的节线与蜗轮的节圆是相切的，如图 4-95 所示。

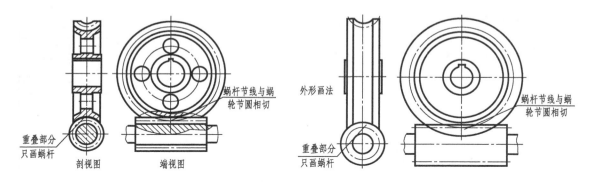

图 4-95　蜗轮、蜗杆啮合的画法

【练习 4-5】　识读如图 4-96 所示蜗轮零件图和如图 4-97 所示蜗杆轴零件图。

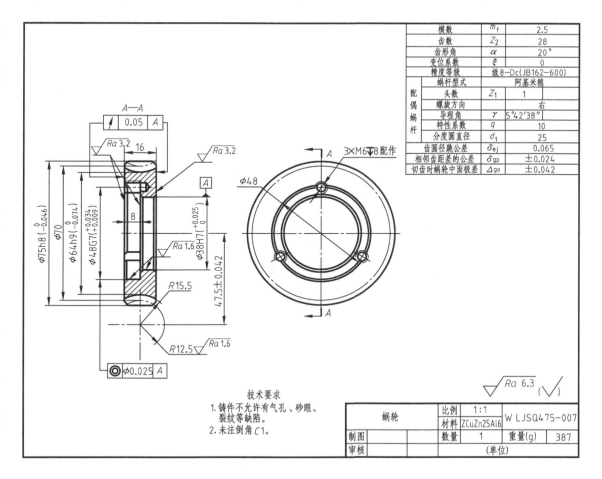

	模数	m_f	2.5
	齿数	Z_2	28
	齿形角	α	20°
	变位系数	ξ	0
	精度等级		级8-Dc(JB162-600)
配偶蜗杆	蜗杆型式		阿基米德
	头数	Z_1	1
	螺旋方向		右
	导程角	γ	5°42′38″
	特性系数	q	10
	分度圆直径	d_1	25
	齿圈径跳公差	δ_{ej}	0.065
	相邻齿距差的公差	δ_{gp}	±0.024
	切齿时蜗轮中面极差	Δ_{go}	±0.042

技术要求
1. 铸件不允许有气孔、砂眼、裂纹等缺陷。
2. 未注倒角 $C1$。

	蜗轮	比例	1:1	W LJSQ475-007
		材料	ZCuZn25Al6	
制图		数量	1	重量(g) 387
审核		(单位)		

图 4-96　蜗轮零件图

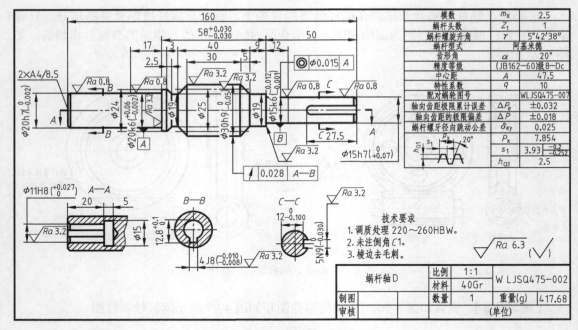

图 4-97　蜗杆轴零件图

4.3.6　弹簧的种类及图样识读

（1）弹簧的用途及种类

弹簧是一种储能零件，在机器和仪器中起减振、夹紧、测力、复位等作用。其特点是外力去除后能立即恢复原状。弹簧用途广泛，属于常用件。

弹簧的种类很多，有螺旋弹簧、蜗卷弹簧、板弹簧和片弹簧等，如图 4-98 所示。圆柱螺旋弹簧应用最为广泛，国家标准对其形式、端部结构、技术要求和画法等都作了规定。圆柱螺旋弹簧按其受力方向不同，又分为压缩弹簧、拉伸弹簧、扭转弹簧等。

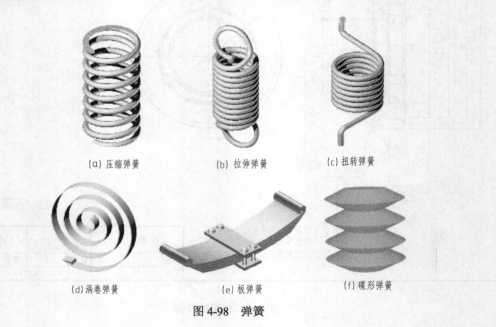

(a) 压缩弹簧　　　　(b) 拉伸弹簧　　　　(c) 扭转弹簧

(d) 涡卷弹簧　　　　(e) 板弹簧　　　　(f) 碟形弹簧

图 4-98　弹簧

（2）圆柱螺旋压缩弹簧的基本参数

① 弹簧丝直径 d——制造弹簧的钢丝直径。

② 弹簧外径 D_2——弹簧的最大直径。

③ 弹簧内径 D_1——弹簧的最小直径，$D_1=D_2-2d$。

④ 弹簧中径 D——弹簧的中径是弹簧外径和内径的平均值，$D=(D_2+D_1)/2$。

⑤ 有效圈数 n、支承圈数和总圈数 n_1——为了使圆柱螺旋压缩弹簧工作平稳、受力均匀，制造时需将两端并紧、磨平，称为支承圈（1.5～2.5 圈）；其余称为有效圈；两者之和称为总圈数 $n_1=n_z+n$。

⑥ 节距 t——除两端支承圈外，相邻两圈在中径上对应点的轴向距离。

⑦ 自由高度 H_0——未受负载时的弹簧高度，$H_0=nt+(n_z-0.5)d$。

⑧ 展开长度 L——$L≈\pi D n_1$。

（3）圆柱螺旋压缩弹簧的规定画法（GB/T 4459.4—2003）

① 在平行于螺旋弹簧轴线的投影面上的视图中，各圈的外轮廓应画成直线。

② 有效圈数在 4 圈以上的螺旋弹簧，只画出两端的 1～2 圈，中间只需用通过弹簧丝断面中心的细点画线连起来，如图 4-99 所示。

③ 右旋螺旋弹簧在图上一定要画成右旋；左旋螺旋弹簧不论画成左旋或右旋，在图上均需加注"左"字。

④ 在装配图中画螺旋弹簧时，在剖视图中允许只画出簧丝剖面，当簧丝直径在图形上≤2mm 时，簧丝剖面全部涂黑，或采用示意画法。这时，弹簧后边被挡住的零件轮廓不必画出，如图 4-100 所示。

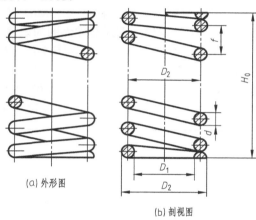

(a) 外形图

(b) 剖视图

图 4-99 弹簧的一般画法

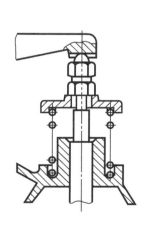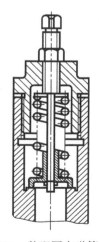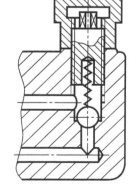

图 4-100 装配图中弹簧画法

（4）标准圆柱螺旋压缩弹簧的标记

国标 GB/T 2089—1994 规定圆柱螺旋压缩弹簧的标记内容和格式如下：

名称　形式　$d×D×H_0$ - 精度　旋向　标准编号　材料牌号 - 表面处理

其各项内容说明如下。

① 圆柱螺旋压缩弹簧的名称用代号"Y"表示。

② 形式用"A"或"B"表示。"A"为两端并紧磨平型,"B"为两端并紧锻平型。

③ $d \times D \times H_0$ 表示:弹簧丝直径 × 弹簧中径 × 弹簧的自由高度。

④ 精度用代号表示。如按"2"级精度制造应注明"2",按"3"级精度制造可省略。

⑤ 旋向为左旋时,应注明"左",右旋时可省略。

⑥ 圆柱螺旋压缩弹簧的标准代号为 GB/T 2089—1994。

⑦ 材料根据使用要求不同,标注弹簧使用的材料牌号。

⑧ 表面处理一般不表示。如要求镀锌、镀铬等镀层或磷化等化学处理时,应按有关标准规定标注。

标记示例:

YA 4×21×65.7-2 左 GB/T 2089—1994 65Mn-D-Zn

标记说明:圆柱螺旋压缩弹簧,A 型,钢丝直径 $\phi 4$,弹簧中径 $\phi 21$,弹簧的自由高度 65.7,精度 2 级,左旋,材料为 65Mn,表面镀锌。

(5)圆柱螺旋压缩弹簧零件图的识读

① 圆柱螺旋压缩弹簧。如图 4-101 所示为螺旋压缩弹簧的零件图,图中只采用一个视图,由于圈数较多,两端只画 2～3 圈,中间用细点画线连接。图的上方是弹簧的性能曲线,表明当弹簧不受力时,长度为 65.7mm;最大压力为 500N 时,长度为 49.4mm;压力为 667N 和长度 44mm 为试验时的压力和长度。

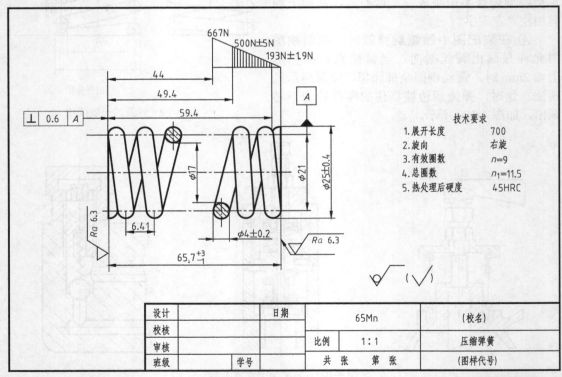

图 4-101　圆柱螺旋压缩弹簧

② 拉伸弹簧。拉伸弹簧的画法如图 4-102 所示。

③ 扭转弹簧。扭转弹簧的画法如图 4-103 所示。

压缩弹簧的参数及画法

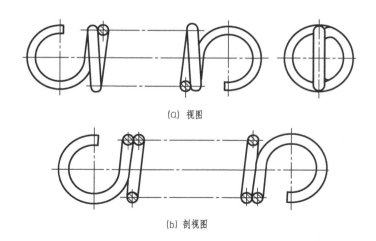

(a) 视图

(b) 剖视图

图 4-102 拉伸弹簧的画法

(a) 视图   (b) 剖视图

图 4-103 扭转弹簧的画法

4.3.7 钣金零件的识读

钣金零件是一种由板材在常温下冲压或折边而成的零件，冲压件在折弯处有圆角过渡。

在表达零件时，板材中的孔，一般只画出圆的投影。由于板材较薄，另一投影只画出中心线，剖切时，板材壁厚较薄，剖面涂黑。根据需要可画出展开图，并在图的上方标注"展开图"。图 4-104（a）是一个常用的夹子，由板材冲压而成，由四个零件组成，如图 4-104（b）所示。

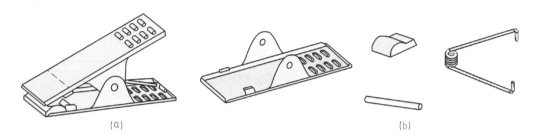

(a)   (b)

图 4-104 夹子

半夹子的零件图如图 4-105 所示，在表达零件时，需要给出夹子成品后的形状和大小，还要给出展开后的形状和大小，展开图中的虚线是折弯线。

【练习 4-6】 识读如图 4-106 所示冲压皮带轮零件图。

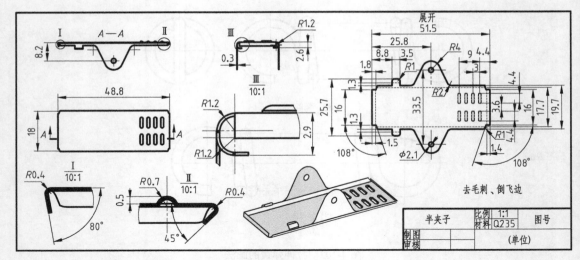

图 4-105　半夹子的零件图

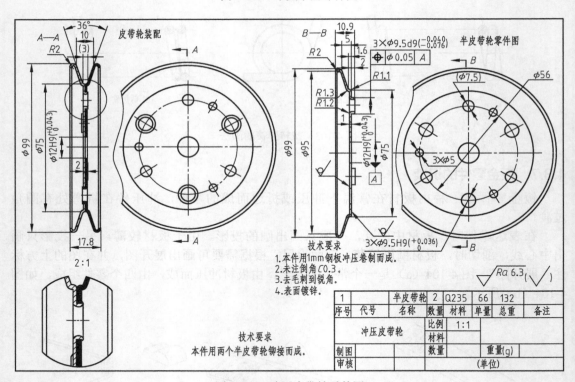

图 4-106　冲压皮带轮零件图

4.3.8　其他零件的识读

塑料制品在日常生活中广泛使用，适合大批量生产。图 4-107 是一个折叠杯子架，可以固定在座位或某一物体的侧边，不用时折叠起来，使用时打开，适合安装在空间比较有限的地方，如报告厅座椅侧边或汽车上。图 4-107（a）是折叠状态，图 4-107（c）是打开后的状态，通过注塑成形，由支架、底座和保持架三个零件组成。

塑料制品大小不一，但在注塑时，要求壁厚均匀，一般有圆角过渡。其表达形式与机械图差别不大，较小结构需要放大图，表面粗糙度要求一到两种规格。底座的零件图如图

4-108 所示。

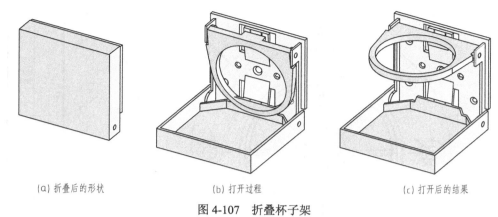

(a) 折叠后的形状　　　　　　　　(b) 打开过程　　　　　　　　(c) 打开后的结果

图 4-107　折叠杯子架

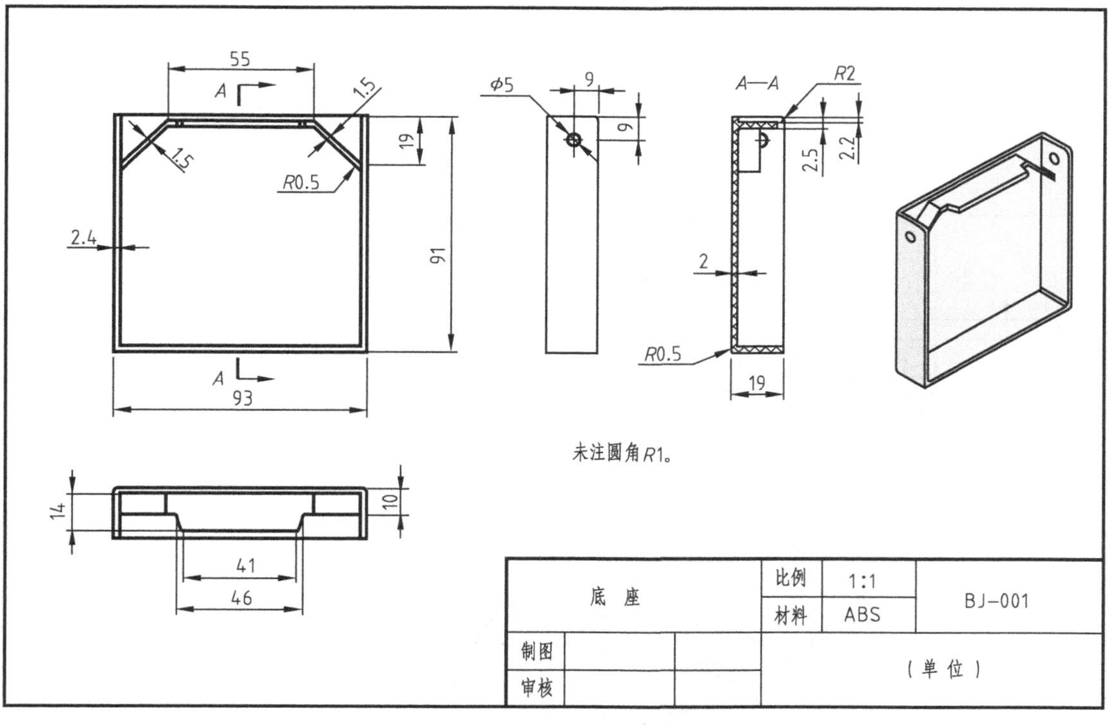

图 4-108　底座零件图

（单位）

比例 1:1

材料 ABS

底　座　　　　BJ-001

制图

审核

未注圆角 R1。

【练习 4-7】　如图 4-109 为洗衣机齿轮箱端盖零件图，这类零件的表达方法与前面所述表达方法类似，由于使用的材料为塑料（PVC），部视图上的剖面符号采用 45°网格；这类零件采用注塑成形，一般不需要二次加工，表面结构中表面粗糙度如果没有特殊要求，一般统一为一种，标注在标题栏的上方，如图 4-109 所示。

注：注塑类零件在家电领域广泛使用，在设计过程中，零件的壁厚尽量处处相等，转折处有大小不等的圆角过度；为保证零件的强度，减轻重量，多使用肋板加强。

如图 4-110 所示为自行车车把零件图，它的中心线是由若干条空间直线与圆弧连接而成的空间曲线。对于这种零件，在表达过程中，除了三视图外，一定给出一个轴测图，标注出这些直线空间坐标点的数值，如图 4-110 所示的轴测图中的 A、B、C、D 点。

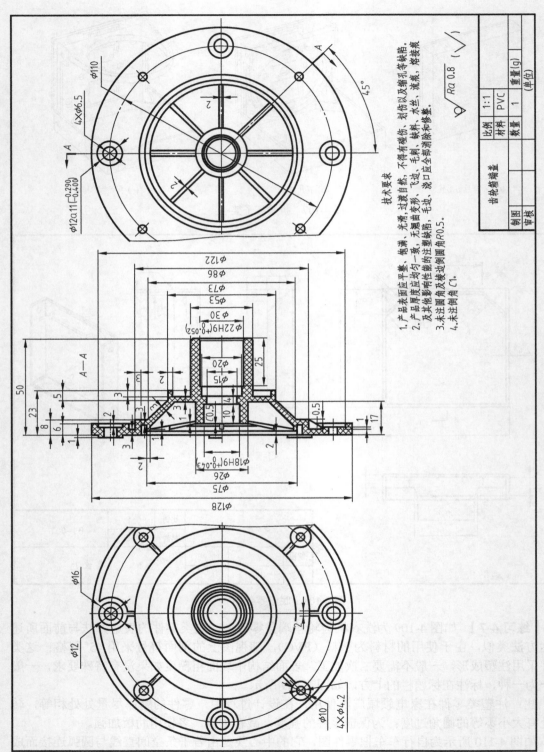

图 4-109　齿轮箱端盖零件图

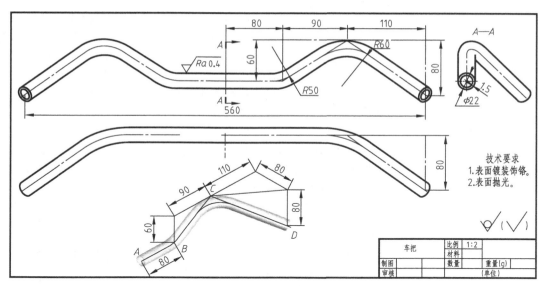

图 4-110　自行车车把零件图

其做法是：以 A 点为起始点，沿 X 坐标水平移动 60 找到 D 点；垂直向上，沿 Z 轴移动 60，再沿 X 轴水平移动 90，找到 C 点；沿 X 坐标水平移动 110，水平向外再沿 Y 坐标移动 80，最后垂直向下，沿 Z 轴移动 80，找到 D 点；直线 AB 和直线 BC 用 $R60$ 的圆弧连接，直线 BC 和直线 CD 用 $R60$ 的圆弧连接，就得到一半车把的中心线，对称过去就是一个完整的车把中心线，$\phi22\times1.5$ 沿中心线移动就得到车把的形状。

4.4　焊接件图样的识读

4.4.1　常见焊缝符号

将两个被连接的金属件，用电弧或火焰在连接处进行局部加热，并采用填充熔化金属或加压等方法使其熔合在一起的过程称为焊接，焊接后形成的接缝称为焊缝。

焊接图是焊接件进行加工时所用的图样。焊接图应能清晰地表达出各焊接件的相互位置、焊接形式、焊接要求以及焊缝尺寸等。焊接件中焊接形成的被连接件熔接处称为焊缝。常见的焊缝接头有对接接头、搭接接头、T 形接头、角接接头等，如图 4-111 所示。焊缝形式主要有对接焊缝、点焊缝和角焊缝等。在图样中，焊缝通常可以用焊缝符号和焊接方法的数字代号来标注。

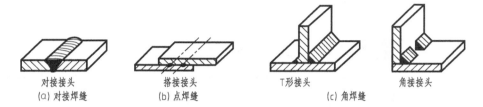

| 对接接头 | 搭接接头 | T形接头 | 角接接头 |
| (a) 对接焊缝 | (b) 点焊缝 | (c) 角焊缝 | |

图 4-111　常见的焊接接头和焊缝形式

为了简化图样上焊缝的表示方法，焊缝一般用焊缝代号标注。焊缝代号由基本符号和指引线组成，必要时还可加上辅助符号、补充符号和焊接尺寸符号或尺寸等。

（1）指引线

指引线的画法如图 4-112 所示。基准线的细虚线可以画在基准线的细实线的上侧或下

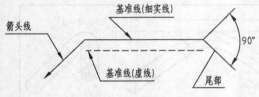

箭头线

基准线(细实线)

基准线(虚线)

尾部

90°

图 4-112　指引线的画法

侧。基准线的上面和下面用来标注有关的符号和尺寸。当焊缝在箭头所指的一侧时，基本符号标在上面，否则应标在下面。当标注对称焊缝或双面焊缝时可以不画虚线基准线。必要时，在细实线基准线的末端加一尾部，用来说明相同焊缝的数目、焊接方法等。

（2）基本符号

表示焊缝横截面形状的符号，近似于焊缝的横断面的形状，基本符号用粗实线绘制。常用焊缝的基本符号和标注示例见表 4-17。标注双面焊焊缝或接头时，基本符号可以组合使用。

表 4-17　常用焊缝的基本符号和标注示例

焊缝名称	焊缝形式	基本符号	标注示例
I 形焊缝		‖	
V 形焊缝		V	
角焊缝		△	
点焊缝		○	
双面 V 形焊缝		X	

（3）辅助符号和补充符号

辅助符号是表示焊缝表面形状特征的符号。辅助符号用粗实线绘制，随基本符号标注在相应的位置上。常用的辅助符号见表 4-18。

表 4-18　常用的辅助符号

名称	形式	符号	说明	标注示例
平面符号		‾	表示焊缝表面平齐	
凸起符号		⌒	表示焊缝表面凸起	
凹陷符号		⌣	表示焊缝表面凹陷	

　　补充符号是为了补充说明焊缝的某些特征而采用的符号，用粗实线绘制，如果需要可随基本符号标注在相应的位置上。常用的补充符号见表4-19。

表 4-19　常用的补充符号

名称	符号	焊缝形式	标注示例	说明
带垫板符号	▭			表示 V 形焊缝的背面底部有垫板
三面焊缝符号	⊏			工件三面施焊，为角焊缝
周围焊缝符号	○			表示在现场沿工件周围施焊，为角焊缝
现场施工符号	▶			
尾部符号	＜		5△100 ＜111　4条	111 表示用手工电弧焊，4条表示有 4 条相同的角焊缝，焊缝高为 5，长为 100

（4）焊接方法的数字代号

　　焊接方法很多，最常用的是电弧焊，另外还有电渣焊、气焊、压焊和钎焊等。标注时，焊接方法用规定的数字代号表示，写在焊缝代号的尾部。若所有焊缝的焊接方法相同，可统一在技术要求中说明。常用的焊接方法的数字代号见表4-20。

表 4-20　常用的焊接方法的数字代号

焊接方法	数字代号	焊接方法	数字代号
手工电弧焊	111	激光焊	751
丝极埋弧焊	121	氧 - 燃气焊	31
点焊	21	烙铁钎焊	952
等离子弧焊	15	冷压焊	48

（5）尺寸符号

　　必要时，可在焊缝中标注尺寸，尺寸符号如表4-21所示。

表 4-21　尺寸符号

符号	名称	示意图	符号	名称	示意图
δ	工件厚度		C	焊缝宽度	
α	坡口角度		R	根部半径	
b	根部间隙		l	焊缝长度	
p	钝边		n	焊缝段数	$n=3$

4.4.2　焊缝画法及标注识读

（1）焊缝画法

为了简化作图，焊缝采用标准规定的符号表示。图样中的可见焊缝用加粗粗实线表示，不可见焊缝用栅线表示；当焊缝分布较简单时，可不画焊缝，而用一般可见轮廓线表示可见焊缝，用虚线表示不可见焊缝。焊缝画法见表 4-22。

表 4-22　焊缝画法

焊接方式	焊缝画法
对接焊	可见　　不可见（2~4 mm）
角焊	可见　断续焊缝　连续焊缝　不可见
搭接焊	不可见　可见

（2）焊缝符号标注

在图样中，焊缝一般用焊缝代号进行标注。焊缝代号由基本符号和指引线组成，必要时还可加上辅助符号、补充符号和焊接尺寸符号或尺寸等，如图 4-113 所示。常见焊缝的标注如表 4-23 所示。

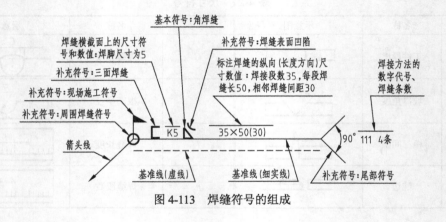

图 4-113　焊缝符号的组成

表 4-23　常见焊缝的标注

接头形式	焊缝形式	标注示例	说明
对接接头	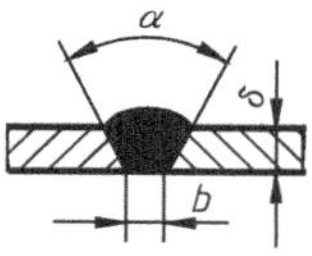	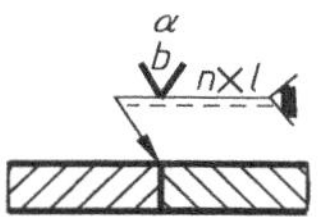	111 表示手工电弧焊，$\bigvee$形焊接，坡口角度为 α，根部间隙为 b，有 n 段焊缝，焊缝长度为 l
T 形接头	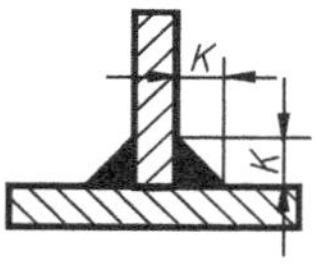	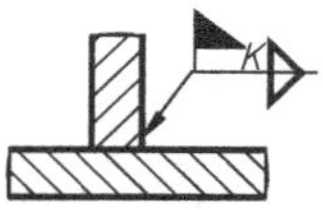	◤表示在现场装配时进行焊接 表示对称角焊缝，焊缝高度为 K
T 形接头	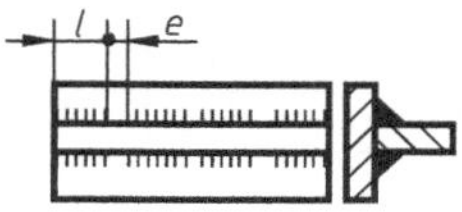	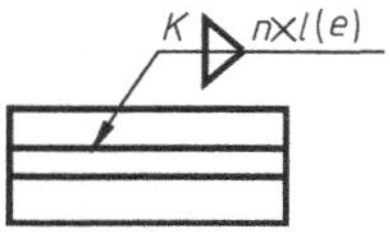	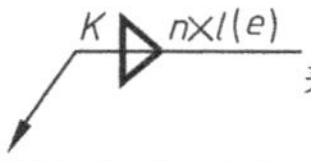 表示有 n 段断续对称链状角焊缝，l 表示焊缝的长度，e 表示断续焊缝的间距
角接头	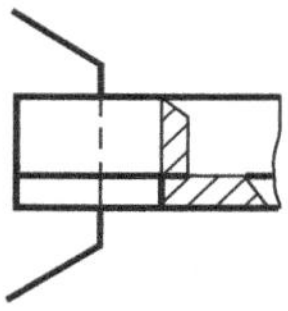	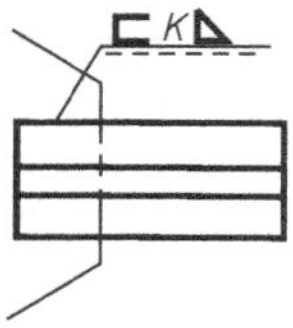	⊏表示三面焊接 表示单面角焊接
角接头	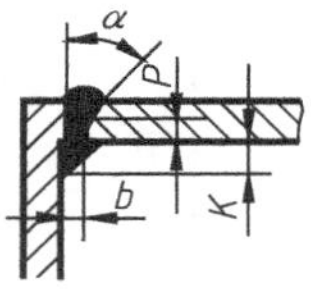	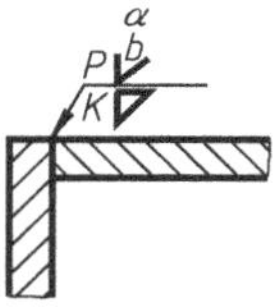	表示双面焊缝，上面为单边$\bigvee$形焊缝，下面为角焊缝
搭接接头	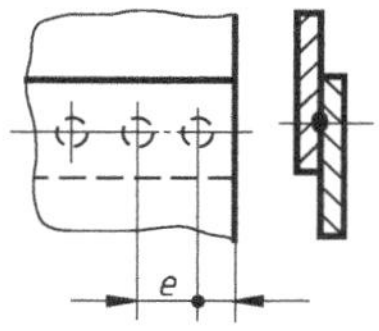	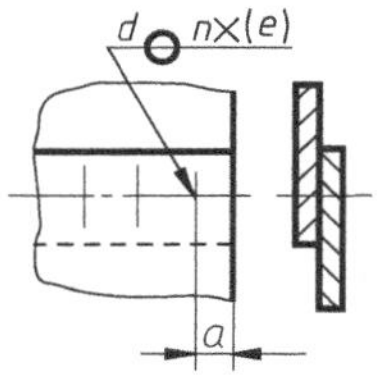	O表示点焊，d 表示熔核直径，e 表示焊点的间距，a 表示焊点至板边的间距

（3）识读焊接图示例

识读如图 4-114 所示焊接零件图。

① 从标题栏入手认识零件。由标题栏可知零件为弯管，由明细栏可知此弯管由三部分组成。

② 从视图入手识读零件的形状。由图 4-114 可看出，弯管由三部分焊接而成，即两个法兰和一个 1/4 弯管。上部分法兰是矩形的，结合尺寸可知下部分法兰是圆形的。焊缝形式为角焊缝，焊角高为 6mm，焊缝环绕管头一圈。

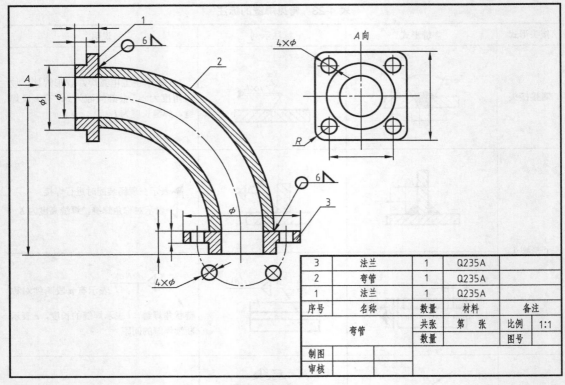

图 4-114 弯管零件图

【**练习 4-8**】 识读如图 4-115 所示链轮零件图。

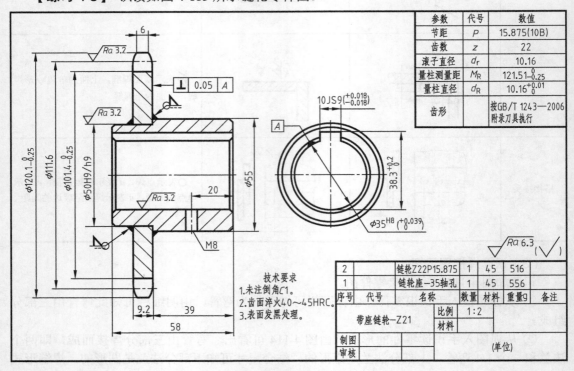

图 4-115 链轮零件图

第 5 章　装配图的识读

表达机器或部件的图样称为装配图。装配图是设计、制造和使用者交流的主要技术文件，加工检验合格的零件按照装配图的要求组装在一起，使用者根据装配图的要求正确使用。本章主要介绍装配图的主要内容、表达方法和识读装配图的基本知识。

5.1　装配图的主要内容

在产品设计过程中，设计机器或部件时，一般先画出装配图，然后根据装配图拆画零件图。因此要求装配图中充分反映设计者的设计意图，准确表达出部件或机器的工作原理、结构、性能、零件之间的装配关系，以及必要的技术数据，用以指导装配、检验、安装、使用及维修工作。

球阀的装配图如图 5-1 所示。由图可以看出，一张完整的装配图，包括以下四个方

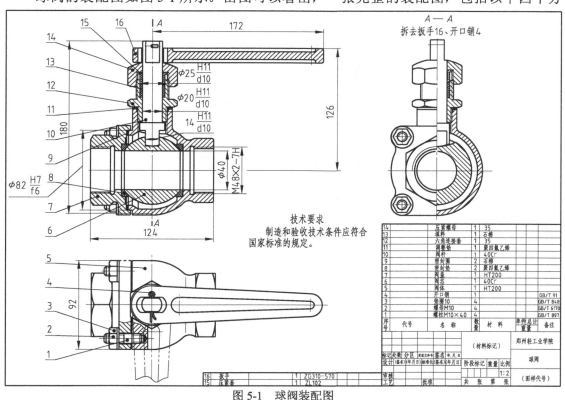

图 5-1　球阀装配图

面的内容。

① 一组视图。表达机器或部件的工作原理、零件间的相对位置关系、相互连接方式和装配关系，以及主要零件的结构特征。

② 必要的尺寸。表示机器或部件的性能规格尺寸、装配尺寸、安装尺寸、总体尺寸和其他一些重要尺寸。

③ 技术要求。用符号或文字说明装配、检验时必须满足的条件。

④ 零件序号、明细栏和标题栏。说明零件的序号、名称、数量和材料等有关事项。

5.2　装配图识读的基本知识

装配图的表达与零件图的表达方法基本相同，前面学过的各种表达方法，如视图、剖视、断面等，在装配图的表达中也同样适用。但机器或部件是由若干个零件组装而成，装配图表达的重点在于反映机器或部件的整体结构、工作原理、零件间的相对位置和装配连接关系及主要零件的结构特征，而不追求完整表达零件的形状，所以装配图还有其特有的画法。

5.2.1　装配图的画法

（1）相邻零件的画法

① 两零件的接触面和配合面，只画一条线。对于非接触面、非配合表面，即使其间隙很小，也必须画两条线，如图 5-2 所示。

② 在剖视图或断面图中，相邻两个零件的剖面线倾斜方向应相反，或方向一致而间隔不同。但在同一张图样上，同一个零件在各个视图中的剖面线方向、间隔必须一致。若相邻零件多于两个，则应以间隔不同与相邻零件相区别。零件厚度≤ 2mm，剖切时允许涂黑代替剖面线，如图 5-2 所示。

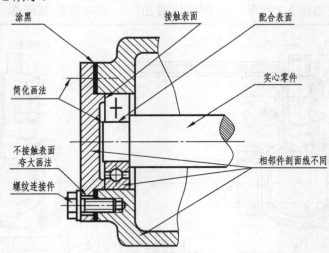

图 5-2　装配图画法的一般规定

（2）拆卸画法和沿结合面剖切

① 假想拆去某些零件的画法。装配体上零件间往往有重叠现象，当某些零件遮住了需要表达的结构与装配关系时，假想将一些零件拆去后再画出剩下部分的视图，如图 5-1 所示左侧视图，拆去扳手。拆卸范围可根据需要灵活选择：半拆、全拆、局部拆。半拆时以对称线为界，类似于半剖；局部拆卸时，以波浪线分界，类似于局部剖。

采用拆卸画法的视图需加以说明时，可标注"拆去 ×× 零件"等字样。

② 假想沿零件的结合面剖切画法。相当于把剖切面一侧的零件拆去，再画出剩下部分

的视图。此时，零件的结合面上不画剖面线，但被剖切到的零件必须画出剖面线，如图 5-3 中 C—C 剖视图所示。

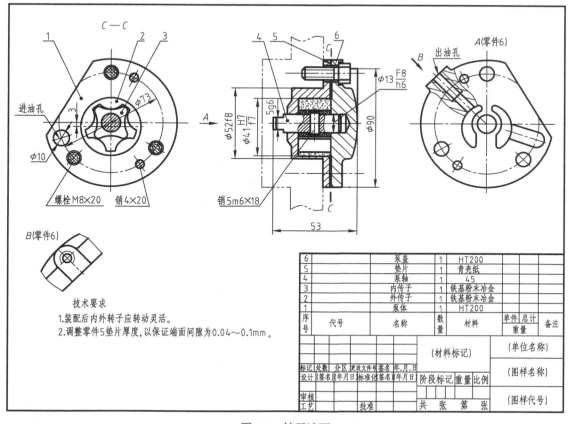

图 5-3　转子油泵

（3）假想画法

① 当需要表达所画装配体与相邻零件或部件的关系时，可用细双点画线假想画出相邻零件或部件的轮廓，如图 5-3 所示的主视图。

② 当需要表达某些运动零件或部件的运动范围及极限位置时，可用细双点画线画出其极限位置的外形轮廓，如图 5-1 中俯视图所示。

③ 当需要表达钻具、夹具中所夹持工件的位置情况时，可用细双点画线画出所夹持工件的外形轮廓。

（4）夸大画法

在装配图中，如绘制厚度很小的薄片、直径很小的孔以及很小的锥度、斜度和尺寸很小的非配合间隙时，这些结构可不按原比例而夸大画出，如图 5-2 所示。

（5）单独表达某个零件

当某个零件在装配图中未表达清楚，而又需要表达时，可单独画出该零件的视图，并在单独画出的零件视图上方注出该零件的名称或编号，其标注方法与局部视图类似，如图 5-3 中的 A 向所示。

（6）展开画法

为了表达传动机构的传动路线和装配关系，可假想按传动顺序沿轴线剖切，然后依次将各剖切平面展开在一个平面上，画出其剖视图。此时应在展开图的上方注明"×—× 展开”字样，如图 5-4 所示。

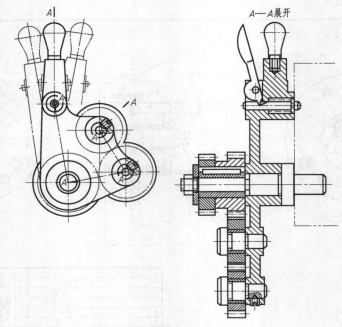

图 5-4　传动机构展开

（7）简化画法

① 在装配图中，对于螺纹连接件以及轴、连杆、球、键、销等实心零件，若按纵向剖切，且剖切平面通过其对称平面或轴线时，则这些零件均按不剖绘制。当需要特别表明轴等实心零件上的凹坑、凹槽、键槽、孔等结构时，可采用局部剖视图来表达，如图 5-2 所示。

② 在装配图中，零件的工艺结构，如小圆角、倒角、退刀槽等可不画出，如图 5-2 所示。

③ 在装配图中，螺栓、螺母等可按简化画法画出。

④ 对于装配图中若干相同的零件组，如螺栓、螺母、垫圈等，可只详细地画出一组或几组，其余只用细点画线表示出装配位置即可，如图 5-2 和图 5-3 所示。

⑤ 装配图中的滚动轴承，可只画出一半，另一半按规定示意画法画出，如图 5-4 所示。

⑥ 在装配图中，当剖切平面通过的某些组件为标准产品，或该组件已由其他图形表达清楚时，则该组件可按不剖绘制。

⑦ 在装配图中，在不致引起误解、不影响看图的情况下，剖切平面后不需表达的部分可省略不画。

5.2.2　装配图中的尺寸及技术要求

（1）装配图中所标注的尺寸类型

装配图与零件图不同，不是用来直接指导零件生产的，不需要、也不可能注出每一个零件的全部尺寸，一般仅标注出下列几类尺寸，如图 5-5 所示。

① 特性、规格尺寸。表示装配体的性能、规格或特征的尺寸。它常常是设计或选择使用装配体的依据。

② 装配尺寸。表示装配体各零件之间装配关系的尺寸，包括以下两种。

a. 配合尺寸。表示零件配合性质的尺寸。

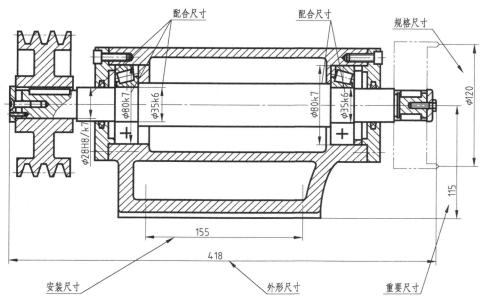

图 5-5　装配图中的尺寸

b. 相对位置尺寸。表示零件间比较重要的相对位置尺寸。

③ 安装尺寸。表示装配体安装时所需要的尺寸。

④ 外形尺寸。表示装配体的外形轮廓尺寸，如总长、总宽、总高等。这是装配体在包装、运输、安装时所需的尺寸。

⑤ 其他重要尺寸。经计算或选定的不能包括在上述几类尺寸中的重要尺寸，此外，有时还需要注出运动零件的极限位置尺寸。

上述几类尺寸，并非在每一张装配图上都必须注全，它们根据装配体的具体情况而定。在有些装配图上，同一个尺寸可能兼有几种含义。

（2）装配图中的配合尺寸

① 配合及种类

a. 配合的概念。在机器装配中，将基本尺寸相同的、相互结合的轴和孔公差带之间的关系，称为配合。此处的孔指工件上的圆柱形内尺寸要素，也包括非圆柱形内尺寸要素（由两平行平面或切面形成的包容面）；轴指工件上的圆柱形外尺寸要素，也包括非圆柱形外尺寸要素（由两平行平面或切面形成的被包容面）。

如图 5-6 所示的轴承座、轴套、轴之间的配合。轴套装在轴承座孔中，要求配合紧密，使轴承定位良好；而轴和轴套装配后，要求有一定的间隙，使轴在工作时能够自由转动。为了保证零件装配后能达到预期的松紧要求，其尺寸必须在一个规定的公差范围内。

b. 间隙或过盈。孔和轴配合时，由于实际尺寸不同，将产生"间隙"或"过盈"。孔的尺寸减去轴的尺寸所得代数差值为正时是间隙，为负时是过盈，如图 5-7 所示。这里说的间隙

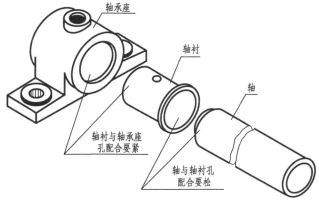

图 5-6　配合的概念

和过盈都是很小的，为了说明情况，图中进行了夸大。

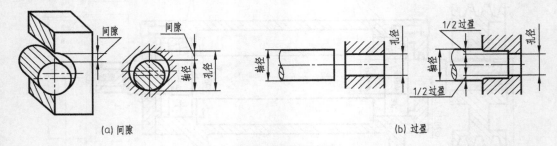

(a) 间隙　　　　　　　　　(b) 过盈

图 5-7　间隙和过盈

c. 配合种类。根据相互结合的一批孔和轴之间出现的间隙和过盈不同，国家标准将配合分为以下三种。

• 间隙配合。具有间隙（包括最小间隙为零）的配合，此时孔的公差带完全在轴的公差带上，任取其中一对孔和轴相配都成为具有间隙的配合，如图 5-8（a）所示。

• 过盈配合。具有过盈（包括最小过盈为零）的配合，此时孔的公差带完全在轴的公差带下，任取其中一对孔和轴相配都成为具有过盈的配合，如图 5-8（b）所示。

• 过渡配合。可能具有间隙或过盈的配合，此时孔和轴的公差带相互交叠，任取其中一对孔和轴相配合，可能是具有间隙，也可能是具有过盈的配合，如图 5-8（c）所示。

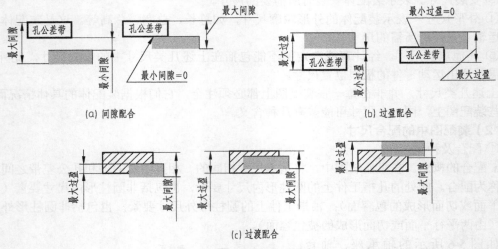

(a) 间隙配合　　　　　　　　　(b) 过盈配合

(c) 过渡配合

图 5-8　配合种类示意图

② 配合制。同一极限制的孔和轴组成的一种配合制度。

根据零件的工作性能要求，确定零件之间的配合要求和类别。在制造互相配合的零件时，把其中一个零件作为基准件，使其基本偏差不变，而通过改变另一个非基准件的基本偏差的变化达到不同的配合，这样就产生了两种配合制。采用配合制是为了统一基准件的极限偏差，从而减少制造过程中刀具、量具的规格数量，获得最大的技术经济效益。

a. 基孔制。基本偏差为一定的孔的公差带，与不同基本偏差的轴的公差带形成各种配合的一种制度，如图 5-9 所示。基孔制配合的孔称为基准孔，基准孔的基本偏差代号为 H，即基孔制时孔的下极限尺寸与公称尺寸相等、孔的下极限偏差为零。

b. 基轴制。基本偏差为一定的轴的公差带，与不同基本偏差的孔的公差带形成各种配合的一种制度，如图 5-10 所示。基轴制配合的轴称为基准轴，基准轴的基本偏差代号为 h，即基轴制时轴的上极限尺寸与公称尺寸相等、轴的上极限偏差为零。

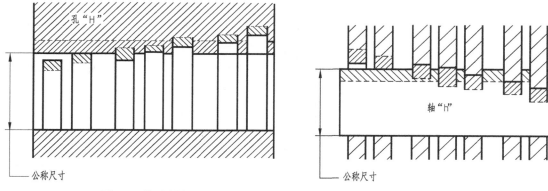

图 5-9　基孔制　　　　　　　　　　　　图 5-10　基轴制

　　在选择配合制时，优先采用基孔制配合。当特定条件下基孔制不能满足需要时，可以考虑采用基轴制配合。

　　③ 配合的代号表示及在装配图上的标注。配合代号用相同的基本尺寸后跟孔和轴公差带来表示，写成分数形式，分子为孔公差带（用大写字母表示），分母为轴公差带（用小写字母表示）。

　　例如：

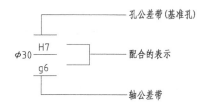

　　也可写成：$\phi30H7/g6$。

　　配合代号在装配图上的标注形式有两种，如图 5-11 所示。

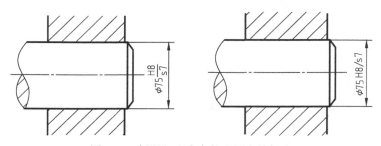

图 5-11　极限与配合在装配图上的标注

　　④ 装配图上配合标注的识读。装配图上配合标注的识读举例见表 5-1。

（3）装配图上的技术要求

装配图中的技术要求，一般有以下几个方面。

　　① 性能方面。装配体装配后应达到的性能。

　　② 装配方面。装配体在装配过程中应注意的事项及特殊加工要求。例如：有的表面需装配后加工，有的孔需要将有关零件装好后配作等。

　　③ 检验、试验方面的要求。指对机器或部件基本性能的检验、试验、验收方法的说明。

表 5-1　配合标注的识读

代号	识读项目				
	孔的极限偏差	轴的极限偏差	公差	公差带图	配合制度与类别
$\phi35\dfrac{H8}{f7}$	+0.039 0		0.039		基孔制间隙配合
		-0.025 -0.050	0.025		
$\phi35\dfrac{F8}{h7}$	+0.064 +0.025		0.039		基轴制间隙配合
		0 -0.025	0.025		
$\phi10\dfrac{H8}{s7}$	+0.022 0		0.022		基孔制过盈配合
		+0.038 +0.023	0.015		
$\phi60\dfrac{H8}{k7}$	+0.046 0		0.046		基孔制过渡配合
		+0.032 +0.002	0.030		
$\phi20\dfrac{H8}{h7}$	+0.033 0		0.033		基孔制，间隙配合，是最小间隙为零的一种间隙配合
		0 -0.021	0.021		

④ 使用要求。对装配体的维护、保养方面的要求及操作使用时应注意的事项和涂饰要求等。

与装配图中所注尺寸一样，不是每一张图上都标注有上述内容，而是根据装配体的需要标注不同的内容。

技术要求一般注写在明细表的上方或图纸下部空白处，如图 5-1 所示。如果内容很多，也可另外编写成技术文件作为图纸的附件。

5.2.3　装配图的零件序号及明细栏

（1）装配图的零件序号

① 装配图中每种零件或组件都编写有序号。形状、尺寸完全相同的零件只编一个序号，数量填写在明细栏内；形状相同而尺寸不同的零件，应分别编写序号。

标准化组件，如油杯、滚动轴承和电动机等，只编写一个序号。

② 装配图中编写零件序号的方法如图 5-12 所示。

序号由圆点、指引线、横线（或圆圈）和数字四个部分组成。指引线一端应自零件的可见轮廓线内引出，并画一圆点，在另一端横线上（或圆内）填写零件的序号。

指引线和横线都用细实线画出。指引线之间不允许相交，不允许画成水平线或垂直线，避免与剖面线平行。序号的数

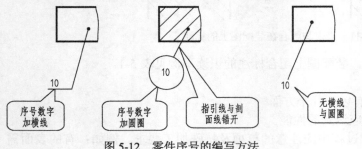

图 5-12　零件序号的编写方法

字要比装配图上尺寸数字大一号或两号，但在同一装配图中注写序号形式应一致。

也允许采用省略横线（或圆圈）的形式。

③ 对于很薄的零件或涂黑的断面，指引线的末端为指向轮廓的箭头，如图 5-2 和图 5-3 所示。

④ 指引线不能相交，必要时可画成折线，但只能曲折一次。对于螺纹连接件或装配关系清楚的零件组，允许采用公共指引线，如图 5-13 所示。

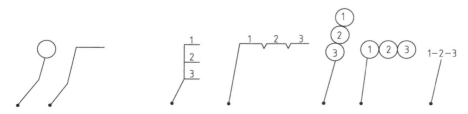

图 5-13　零件序号的形式和画法

⑤ 零件的序号沿水平或垂直方向排列整齐，并按顺时针或逆时针方向顺次排列，序号间隔尽量相等。

（2）明细栏的编写

① 明细栏是机器或部件中全部零、部件的详细目录，画在标题栏的上方。

② 零、部件的序号自下而上填写，如空间不够时，明细栏可分段画在标题栏的左方。

③ 有时明细栏不配置在标题栏的上方或左方，而是作为装配图的续页，按 A4 幅面单独绘制，其填写顺序也是自下而上。

明细栏外框、竖线为粗实线，其余为细实线，其下边线与标题栏上边线重合，长度相同。明细栏的基本内容和尺寸如图 5-14 所示。

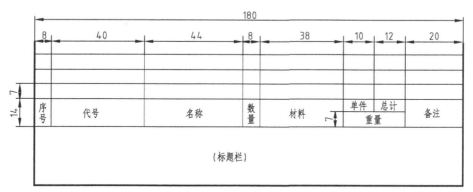

图 5-14　明细栏

装配图的内容及表达方法

5.3　装配图中常见标准件的识读

在装配图中常用到螺栓（螺钉或螺柱）连接、键连接、销钉连接以及齿轮齿合、安装轴承、弹簧等。如图 5-15 所示是一个齿轮油泵中所用的一些常见标准件及齿轮，机械制图国家标准对这些标准件、齿轮及弹簧等的结构有规定画法，要想很好地识读装配图，必须掌握这些结构的表达方法。

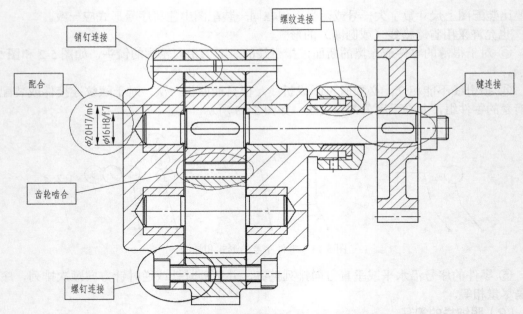

图 5-15　标准件、常用件在装配图中的表达方法

5.3.1　螺纹连接件的装配图

（1）螺纹连接件的种类

螺纹连接件是指通过螺纹旋合起到连接、紧固作用的零件。常用的螺纹连接件有螺栓、双头螺柱、螺钉、螺母和垫圈等，均为标准件，如图 5-16 所示。

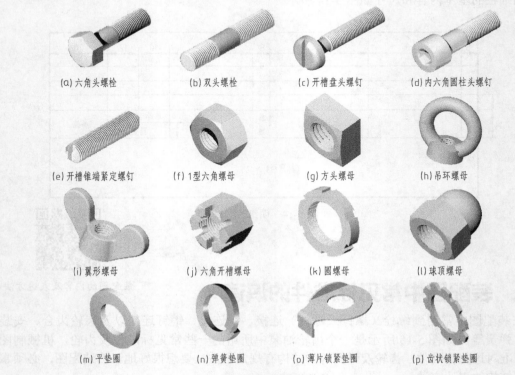

(a) 六角头螺栓　　(b) 双头螺栓　　(c) 开槽盘头螺钉　　(d) 内六角圆柱头螺钉

(e) 开槽锥端紧定螺钉　　(f) 1型六角螺母　　(g) 方头螺母　　(h) 吊环螺母

(i) 翼形螺母　　(j) 六角开槽螺母　　(k) 圆螺母　　(l) 球顶螺母

(m) 平垫圈　　(n) 弹簧垫圈　　(o) 薄片锁紧垫圈　　(p) 齿状锁紧垫圈

图 5-16　螺纹连接件

螺纹连接件的结构形状和尺寸都已标准化，可从国家标准中查出其尺寸大小（参阅附录 D），使用时可根据螺纹连接件的规定标记去购买，不需要加工制造和画出它们的零件图。

但在设计机器或部件时，经常需要绘制螺纹连接件的装配图，常用的螺纹连接件连接形式有螺栓连接、螺柱连接、螺钉连接。

为了画图简便，常采用比例画法和简化画法。即除了公称长度需要根据结构初算后，按标准中的长度系列选定外，其他各部分尺寸都取与螺纹公称直径 d 成一定比例的数值画出。

（2）常用螺纹连接件的比例画法和简化画法

六角螺母和六角头螺栓头部外表面上的双曲线，根据公称直径的比例画法如图 5-17 所示。其他螺纹连接件的比例画法如图 5-18 所示。

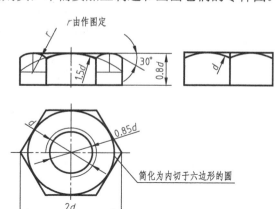

图 5-17　六角螺母比例画法

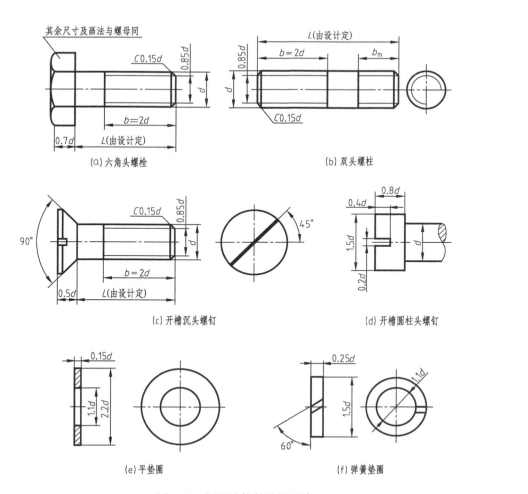

图 5-18　螺纹连接件比例画法

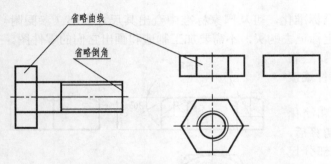

图 5-19　螺纹连接件简化画法

垫圈，最后拧紧螺母，如图 5-20 所示。

在工程实践中，为了作图简便，螺纹连接件在装配图中一般都采用简化画法，即倒角省略、螺母及螺栓头部的双曲线省略，如图 5-19 所示。

（3）识读螺纹连接件的装配图

① 螺栓连接装配图。螺栓连接由螺栓、螺母、垫圈组成，用于被连接的两零件厚度不大、可钻出通孔的情况。连接时先在两零件上钻出通孔，然后螺栓穿过两零件上的通孔，加上

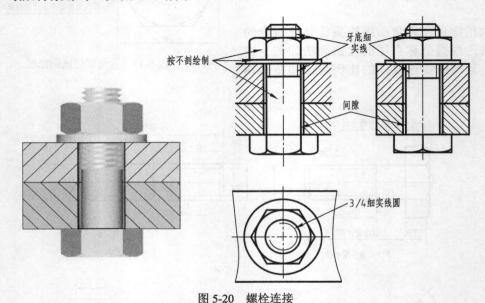

图 5-20　螺栓连接

识读时应注意查看以下几点。

a. 因为剖切平面通过螺栓、螺母、垫圈的轴线，则这些零件均按不剖绘制，仍画其外形。

b. 主、侧视图中表示牙底的细实线，俯视图中的 3/4 细实线圆。

c. 被连接零件上光孔与螺栓之间有间隙。

② 双头螺柱连接装配图的画法。双头螺柱连接由双头螺柱、螺母、垫圈组成，用于被连接的两零件之一较厚或由于结构限制不宜用螺栓连接的场合。

连接时需先在较厚的零件上加工出螺孔，双头螺柱的一端全部旋入此螺纹孔中，称为旋入端。在另一零件上则钻出通孔，套在双头螺柱上，加上垫圈，拧紧螺母，此端称为紧固端，如图 5-21 所示。旋入端的长度（b_m）与被连接零件的材料及螺纹大径（d）有关，国标规定下列四种长度。

用于：钢、青铜零件　$b_m=1d$

铸铁零件　$b_m=1.25d \sim 1.5d$

铝零件　$b_m=2d$

材料强度在铸铁与铝之间的零件　$b_m=1.5d$

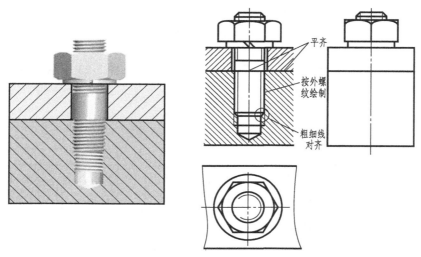

图 5-21　螺柱连接

识读时应注意查看以下几点。

a. 剖切平面通过螺柱、螺母、垫圈的轴线，它们均按不剖绘制，仍画其外形。

b. 紧固端的画法与螺栓相同，注意主、侧视图中表示牙底的细实线，俯视图中的 3/4 细实线圆，以及被连接零件上光孔与螺柱之间的间隙。

c. 旋入端螺纹终止线与两个零件结合面平齐，旋合部分按外螺纹（螺柱）绘制，螺纹孔与螺柱上的牙顶、牙底线要对齐，剖面线画到粗实线。

③ 螺钉连接装配图的画法。螺钉连接一般用于受力不大而又不需经常拆卸的地方，按用途分为连接螺钉和紧定螺钉。连接螺钉连接时，下部的零件加工出螺孔，上面的一个零件加工出通孔，如图 5-22 所示。螺钉旋入螺孔的深度 b_m 的大小也与被连接零件的材料及螺纹大径（d）有关，画图时按双头螺柱旋入端的长度来确定。

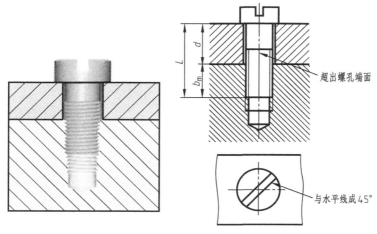

图 5-22　螺钉连接

识读时应注意查看以下几点。

a. 剖切平面通过螺钉轴线，螺钉按不剖绘制，仍画其外形。

b. 加工出通孔的零件孔与螺钉之间存在间隙。

c. 螺钉的螺纹终止线要超过螺纹孔端面，旋合部分按外螺纹（螺钉）绘制，螺纹孔与螺钉上的牙顶、牙底线要对齐，剖面线画到粗实线。

　　d. 螺钉头部起子槽的画法，它的主、俯视图中不符合投影关系，在俯视图中要与圆的对称中心线成45°倾斜，起子槽较小时，可涂黑。

　　紧定螺钉用来固定两个零件，使之不产生相对运动，如图 5-23 所示是紧定螺钉连接装配图画法。

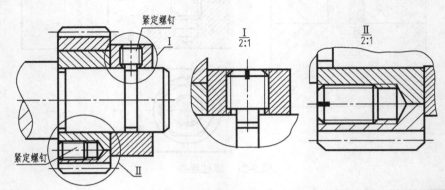

图 5-23　紧定螺钉连接装配图

5.3.2　键连接的装配图

　　键通常用来连接轴和轴上的零件，如齿轮、带轮等，起传递扭矩的作用，如图 5-24 所示。键的大小由被连接的轴孔尺寸大小和所传递的扭矩大小所决定。键的类型有常用键和花键。

　　键为标准件，其结构、形式和尺寸，国家标准都有规定，使用时可查阅相关标准（参阅附录 E 中的表 E-1）。用键连接轴和轮时，必须在轴和轮上加工出键槽，轴上键槽用铣床铣出，轮孔中的键槽可用插床插出。装配时，键有一部分嵌在轴上的键槽内，另一部分嵌在轮上的键槽内。图 5-24 表示了用普通平键连接轴和轮的情况。

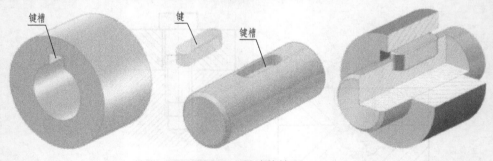

图 5-24　键连接情况

（1）常用键连接的装配图

　　常用键有普通平键、半圆键和钩头楔键三种，如图 5-25 所示。

（a）平键　　　　　　　　（b）半圆键　　　　　　　（c）钩头楔键

图 5-25　常用键

① 普通平键连接的装配图。普通平键连接的装配图如图 5-26 所示，读平键连接的装配图时注意以下几点。

a. 平键的两侧面是工作表面，键的两侧面与轴、孔的键槽有配合，侧面无间隙。

b. 平键的下底面与轴接触，键的顶面与轮上的键槽之间留一定的间隙。

c. 当剖切平面通过键的纵向对称面时，键按不剖绘制（主视图）；当剖切平面垂直于键的横截面时，键应画出剖面线。

d. 键的倒角或圆角可省略不画。

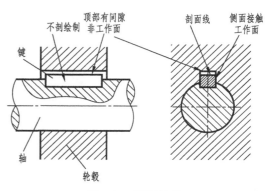

图 5-26　平键连接

② 半圆键和钩头楔键连接的装配图。半圆键常用在载荷不大的传动轴上，连接情况与普通平键相似，两侧面与轮和轴接触，顶面应有间隙，如图 5-27 所示。

钩头楔键的键顶面是 1：100 的斜度，装配时打入键槽，依靠键的顶面和底面与轮和轴之间挤压的摩擦力而连接。识图时注意钩头楔键与键槽在顶面、底面接触，只画一条线，如图 5-28 所示。

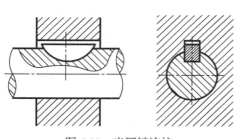

图 5-27　半圆键连接

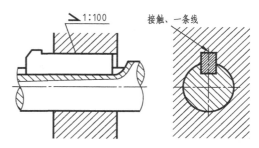

图 5-28　钩头楔键连接

③ 键槽的表达方法。轴上键槽表达方法如图 5-29（a）所示，毂上键槽表达方法如图 5-29（b）所示，键槽的尺寸以及配合可参阅附录 E 附表 E-1。

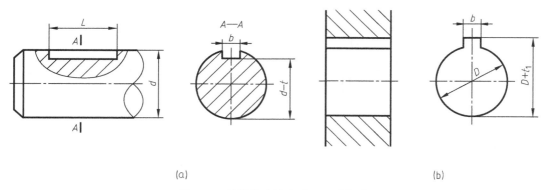

(a)　　　　　　　　　　　　　　　　　　　　(b)

图 5-29　键槽的表达方法及尺寸标注

（2）花键连接的装配图

花键的齿型有矩形和渐开线型等，其中矩形花键应用最广。花键具有传递扭矩大、连接强度高、工作可靠、同轴度和导向性好等优点，是机床、汽车等变速箱中常用的传动轴。花键分外花键（花键轴）和内花键（花键孔），如图 5-30 所示。

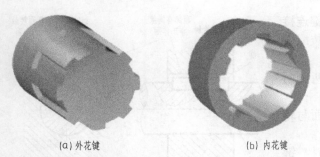

(a) 外花键   (b) 内花键

图 5-30   花键

① 矩形花键轴的画法和尺寸标注。如图 5-31 所示，在平行于花键轴轴线投影面的视图中，大径用粗实线绘制，小径用细实线绘制；在断面图上画出全部齿型或一部分齿型，但要注明齿数；工作长度的终止端和尾部长度的末端均用细实线绘制，并与轴线垂直；尾部则画成与轴线成 30° 的斜线；花键代号应标注在大径上，外花键的标记中表示公差带的偏差代号用小写字母表示。

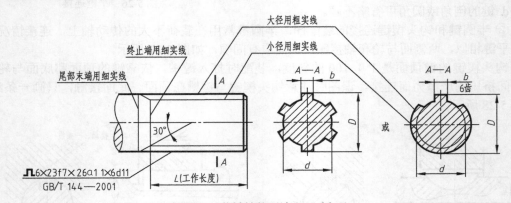

图 5-31   花键轴的画法和尺寸标注

其标记含义依次为：

齿形符号   齿数 × 小径及公差带 × 大径及公差带 × 齿宽及公差带

② 矩形花键孔的画法和尺寸标注。如图 5-32 所示，在平行于花键孔轴线投影面的剖视图中，键齿按不剖绘制，大径及小径都用粗实线绘制；在反映圆的视图上，用局部视图画出全部齿形；画出一部分齿形时，大径用细实线圆表示。内花键的标记中表示公差带的偏差代号用大写字母表示。

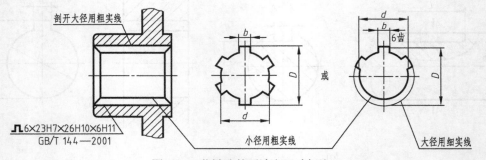

图 5-32   花键孔的画法和尺寸标注

其标记含义依次为：

齿形符号   齿数 × 小径及公差带 × 大径及公差带 × 齿宽及公差带

③ 花键连接的画法。用剖视图表示花键连接时，其连接部分按外花键绘制，不重合部分按各自的规定画法绘制，如图 5-33 所示。在花键的连接装配图上标注的花键代号中，公差带代号内花键（孔）在分子上，外花键（轴）在分母上。

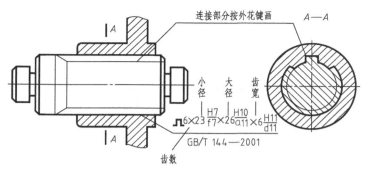

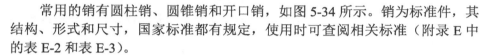

图 5-33　花键连接的画法

5.3.3　圆柱销连接件的装配图

键连接表示法

常用的销有圆柱销、圆锥销和开口销，如图 5-34 所示。销为标准件，其结构、形式和尺寸，国家标准都有规定，使用时可查阅相关标准（附录 E 中的表 E-2 和表 E-3）。

图 5-34　常用的销

圆柱销和圆锥销主要用于零件间的定位，也可用作连接。圆锥销有 1 ∶ 50 锥度，装拆方便，常用于需多次装、拆的场合。圆柱销和圆锥销的销孔需经铰制，装配时要把被连接的两个零件装在一起钻孔和铰孔，以保证两零件的销孔严格对中。圆柱销和圆锥销的装配图如图 5-35 所示。

开口销一般与六角开槽螺母配合使用，它穿过螺母上的槽和螺杆上的孔以防松动，如图 5-36 所示。

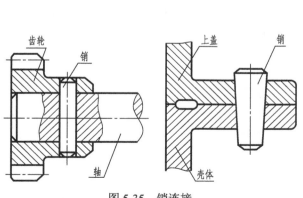

图 5-35　销连接

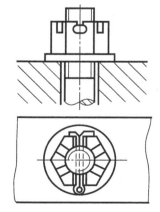

图 5-36　开口销

销连接表示法

识图时注意以下几点。

① 在剖视图中，当剖切平面通过销的轴线时，销按不剖绘制。

② 当剖切平面垂直于销的轴线时，销应画出剖面线。

5.3.4 滚动轴承的装配图

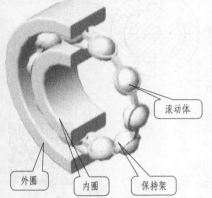

图 5-37　滚动轴承

滚动轴承是支承轴的部件，主要由外圈（座圈）、内圈（轴圈）、滚动体和保持架等组成，如图 5-37 所示。按其在工作中承受的力不同可以分为：向心轴承、推力轴承、向心推力轴承。滚动轴承具有结构紧凑、摩擦阻力小等特点。

滚动轴承是标准件，它的结构形式和尺寸均已标准化，由专业厂生产。用户根据机器的具体情况确定型号选购，因而无需画出零件图，只在装配图上，根据外径、内径和宽度等几个主要尺寸按规定画法或简化画法画出即可，但要按照规定详细标注。

（1）滚动轴承在图样中的表示法

① 滚动轴承在图样中表达的基本规定

a. 无论采用何种画法，其中的各符号、矩形线框和轮廓线均用粗实线绘制。

b. 表示轴承的矩形线框或外形轮廓的大小应与滚动轴承的外形尺寸一致，并与所属图样采用同一比例。

c. 在剖视图中，用简化画法绘制滚动轴承时，一律不画剖面线。

d. 采用规定画法时，轴承的滚动体不画剖面线，其内外圈可画成方向和间隔相同的剖面线。

② 滚动轴承在装配图中的简化画法。用简化画法绘制滚动轴承时，有通用画法和特征画法两种，但在同一图样中一般只采用其中的一种。

a. 通用画法。在剖视图中，当不需要确切地表示滚动轴承的外形轮廓、载荷特性、结构特征时，可用矩形线框及位于线框中央正立的十字形符号表示，如图 5-38（a）所示，十字形符号不应与矩形线框接触。如需确切地表示滚动轴承的外形，则应画出其断面外形轮廓，并在轮廓中央画出正立的十字形符号，如图 5-38（b）所示。通用画法的尺寸比例如图 5-39 所示。

b. 特征画法。为了较形象地表示滚动轴承的结构特征，可采用在矩形线框内画出其结构要素符号的方法表示。表 5-2 列出了深沟球轴承、圆柱滚子轴承和推力球轴承的特征画法及尺寸比例。在垂直于滚动轴承轴线的投影图上，无论滚动体的形状如何，均可按如图 5-40 所示的方法绘制。

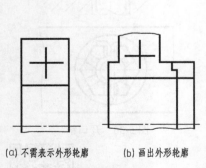

(a) 不需表示外形轮廓　(b) 画出外形轮廓

图 5-38　通用画法

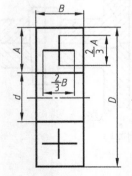

图 5-39　通用画法尺寸比例

图 5-40　滚动体的画法

③ 滚动轴承在装配图中的规定画法。规定画法一般只绘制在轴的一侧，另一侧用通用画法绘制。

表 5-2 滚动轴承形式、画法和标记示例

名称、标准号、结构和代号	由标准中查出数据	规定画法	特征画法
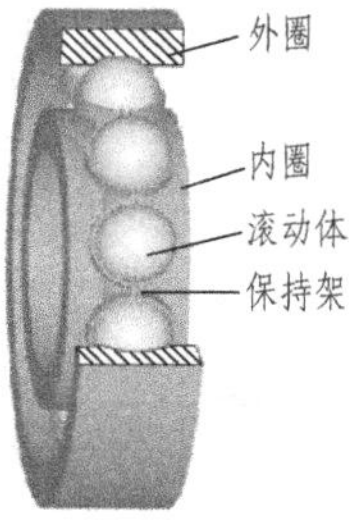 深沟球轴承 GB/T 276—2013 60000 型	D d B	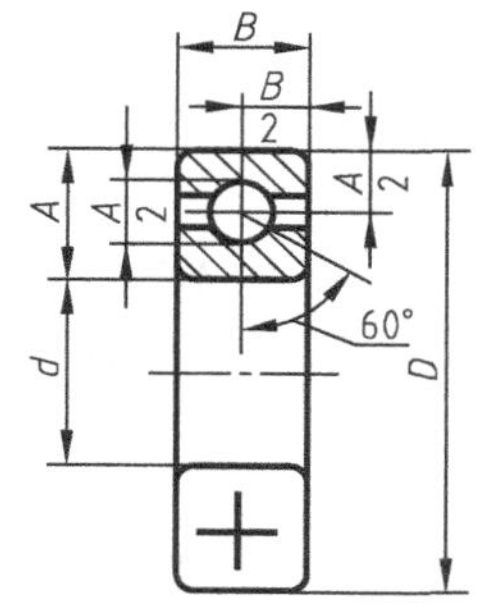	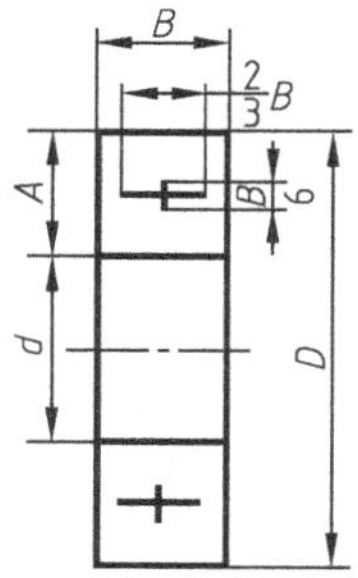
 圆锥滚子轴承 GB/T 297—2015 30000 型	D d T B C	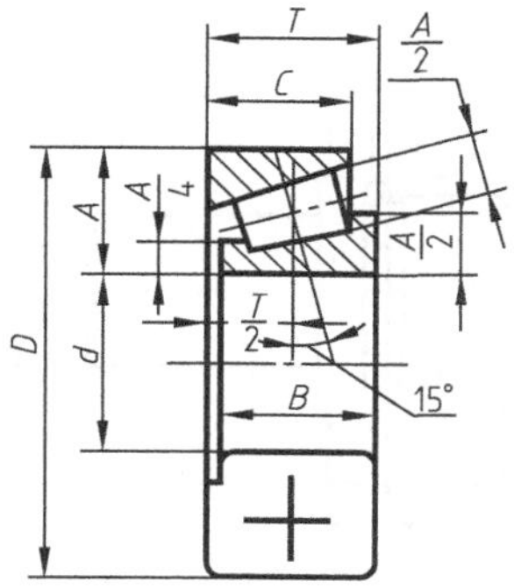	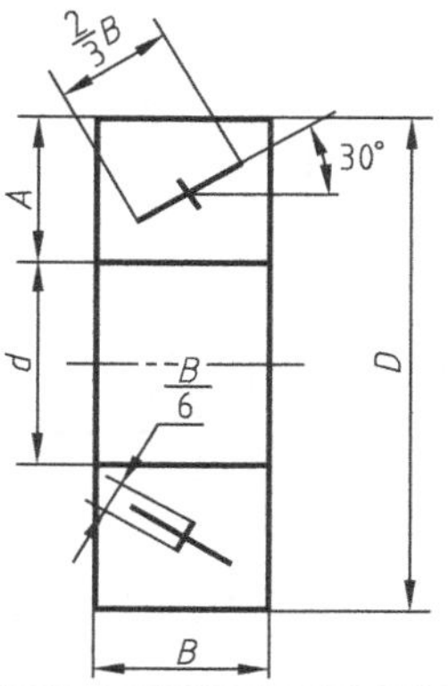
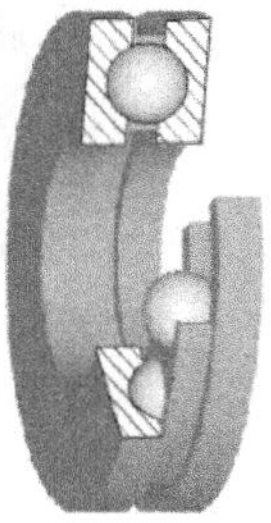 推力球轴承 GB/T 301—2015 51000 型	D D T	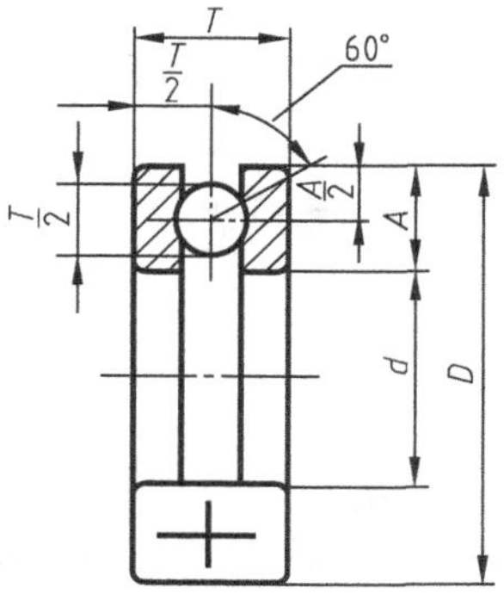	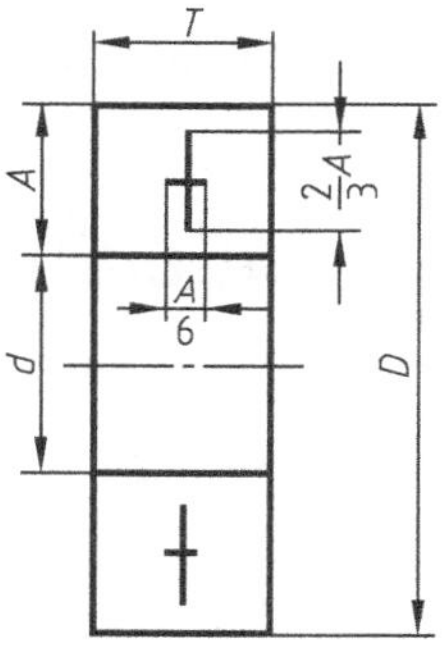

（外圈、内圈、滚动体、保持架）

（2）滚动轴承的代号和标记

滚动轴承的种类很多，为了方便，将其结构、类型、尺寸系列和内径都用代号表示。

滚动轴承的标记由名称、代号和标准编号组成，格式如下：

名称　代号　标准编号

① 名称：滚动轴承。

② 代号：由前置代号、基本代号、后置代号三部分组成，通常用基本代号表示。基本代号格式如下：

类型代号　尺寸系列代号　内径代号

如：6208

a. 类型代号表示滚动轴承的基本类型。

b. 尺寸系列代号由轴承的宽（高）度系列代号和直径系列代号组合而成。

c. 内径代号表示滚动轴承的内径尺寸。用两位数字表示（轴承内径为 10、12、15、17 时，代号用 00、01、02、03 表示；轴承内径 20mm ≤ d ≤ 480mm 时，代号乘以 5 即为轴承内径；轴承内径 d ≥ 500mm 时，直接用内径表示）。

滚动轴承规定标记举例如下：

滚动轴承　6208 GB/T 276—2013

基本代号表示：6 表示深沟球轴承，2 为尺寸系列代号，08 表示内径 40mm。

（3）滚动轴承的配合

轴承内圈与轴采用基孔制：常用的配合有 h6、js6、j6、k6、m6、n6 等，依次渐紧。

轴承外圈与轴承座孔采用基轴制：常用的配合有 G7、H7、JS7、J7 等，依次渐紧。

转动圈比不动圈配合紧一些。

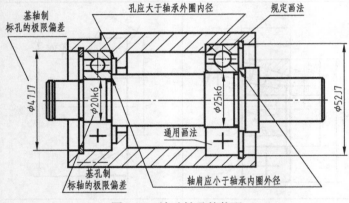

图 5-41　滚动轴承的装配

（4）滚动轴承装配图及常用装配结构识读

滚动轴承的一般装配形式如图 5-41 所示，其特点有以下三点。

① 内外圈都需要定位，并且能够实现轴承的拆卸。

② 轴承外圈与轴承孔的配合为基轴制，配合尺寸只标注孔的公差带代号；轴承内圈与轴的配合为基孔制，配合尺寸只标注轴的公差带代号。

③ 滚动轴承的装配图，在轴的一侧用规定画法绘制，另一侧用通用画法绘制。

滚动轴承表示法及其标注

5.4　装配图识读的基本方法

5.4.1　装配图的识图步骤

（1）概括了解

从标题栏和有关说明书入手，了解机器或部件的名称、用途和绘图比例。从装配体的名称联系生产实践知识，往往可以知道装配体的大致用途。例如：阀，一般是用来控制流量起开关作用的；虎钳，一般是用来夹持工件的；减速器，则是在传动系统中起减速作用的；各种泵，则是在气压、液压或润滑系统中产生一定压力和流量的装置。通过比例，即可大致确定装配体的大小。如图 5-42 所示气阀是开启或关闭气路的一个阀门，比例 1：1，图示大小即是实物大小。

再从零件明细栏对照图上的零件序号，了解零件和标准件名称、数量和所在位置。从图 5-42（a）明细表和零件序号可知，由 5 个零件组成，除密封圈 4 件外，其他零件各一件。

另外，对视图进行初步分析，浏览一下所有视图、尺寸和技术要求，初步了解该装配图的表达方法、各视图间的大致对应关系，以及每个视图的表达重点，以便为进一步看图打下基础。气阀的主视图采用全剖视图，主要表达内部的装配关系；左视图主要表达气阀的外形。

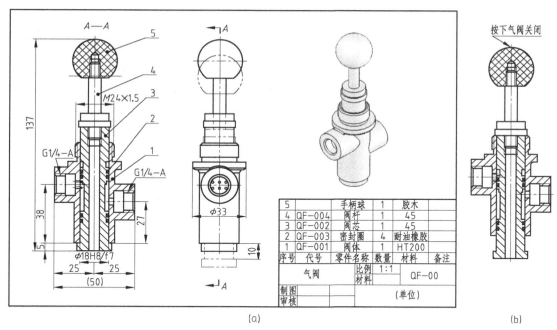

图 5-42　手动气阀的装配图

（2）了解工作原理和装配关系

深入分析机器或部件的工作原理和装配关系，将装配体分成几条装配干线，弄清零件之间的相互位置。气阀的工作原理是开启或关闭气路，如图 5-42（a）所示位置是开启位置，按下球头手柄气阀是关闭状态，如图 5-42（b）所示。左视图中的双点画线表示气阀的另一工作位置关闭。

气阀只有一条垂直装配线，其装配顺序如下：阀芯→密封圈→阀体→阀杆→球头手柄。阀杆与阀芯、阀杆与球头手柄之间是用螺纹连接的，气阀的装配顺序如图 5-43 所示。

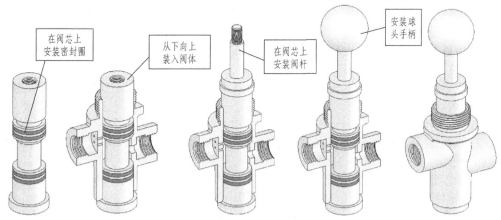

图 5-43　手动气阀的装配顺序

（3）分析零件

根据零件的编号、投影的轮廓、剖面线的方向、间隔（如同一零件在不同视图中剖面线方向与间隔必须一致）以及某些规定画法（如实心零件不剖）等，来分析零件的投影。了解各零件的结构形状和作用，也可分析其与相关零件的连接关系。对分离出来的零件，可用形体分析法及线面分析法结合结构仔细分析，逐步读懂。

（4）归纳总结

在以上分析的基础上，对装配体的运动情况、工作原理、装配关系、拆装顺序等进一步研究，加深理解，一般可按以下几个主要问题进行。

① 装配体的功能是什么？其功能是怎样实现的？在工作状态下，装配体中各零件起什么作用？运动零件之间是如何协调运动的？

② 装配体的装配关系、连接方式是怎样的？有无润滑、密封及其实现方式如何？

③ 装配体的拆卸及装配顺序如何？

④ 装配体如何使用？使用时应注意什么事项？

⑤ 装配图中各视图的表达重点意图如何？装配图中所注尺寸各属哪一类？

通过对上述几个问题的探讨，可以达到全面分析装配体的整体结构形状，技术要求及维护使用要领的目的，进一步领会设计意图及加工和装配的技术条件，掌握装配体的调整和装配顺序。

5.4.2　读懂部件的工作原理

对照视图仔细研究部件的装配关系和工作原理，是深入看图的重要环节。在概括了解装配图的基础上，从反映装配关系、工作原理明显的视图入手，找到主要装配干线，分析各零件的运动情况和装配关系；再找到其他装配干线，继续分析工作原理、装配关系、零件的连接、定位以及配合的松紧程度等。

5.4.3　读懂部件中的各个零件

读懂零件是读装配图进一步深入的阶段，需要把每个零件的结构形状和各零件之间的装配关系、连接方法等，进一步分析清楚，基本步骤如下。

（1）对零件进行分类

从明细栏了解部件由多少零件组成，多少标准件，多少非标准件，以判断部件复杂程度。

按明细表中的序号依次熟悉每种零件的名称、材料数量及备注中的说明，零件通常可分成如下几类。

① 标准件——通常在明细表中已经注明标准件的国家标准编号、规定标记。根据规定标记可以直接采购。

② 常用件——借用其他定型产品上的非标准零件，也可以直接购买或者借用图纸资料复制，所以这类零件不必画图。

③ 一般零件——又称为非标准件，是为装配体专门设计和制造的零件，是阅读装配图的重点研究内容。

（2）一般零件的识读

① 对照视图，分离零件。根据零件的序号和指引线所指部位，先找到零件在该视图上的位置和外形。

② 对照投影关系，并借助同一个零件在不同的剖视图上剖面线方向、间隔应一致的原则，来区分零件的投影，找出该零件在其他视图中的位置及外形。

③ 对分离后的零件投影，采用形体分析法、线面分析法以及结构分析法，逐步看懂每个零件的结构形状和作用。对照投影关系时，可借助三角板、分规等工具，往往能大大提高读图的速度和准确性。

④ 分析与相邻零件的关系，相邻两零件的接触表面一般具有相似性。

5.5　装配图识读的实例分析

识读如图 5-44 所示球阀的装配图。

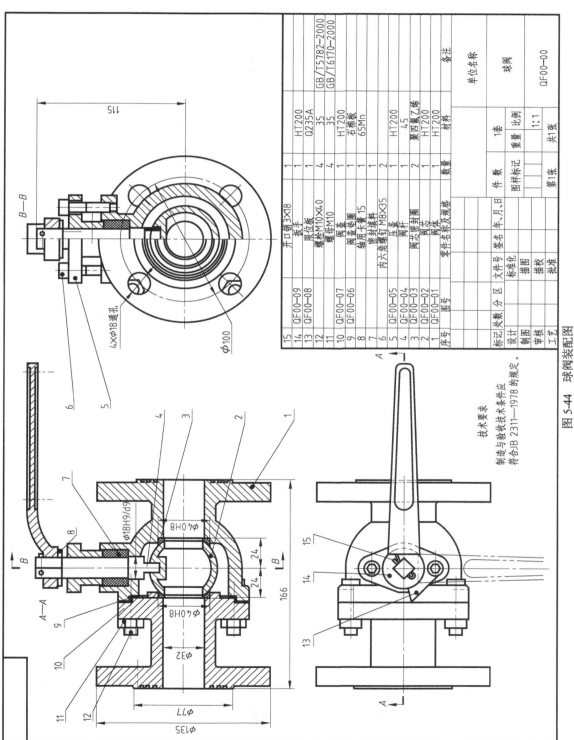

序号	图号	零件名称及规格	数量	材料	备注
15	QF00-09	开口销3×18	1		GB/T5782—2000
14	QF00-08	扳手	1	HT200	
13		限位板	4	Q235A	
12		螺栓M10×40	4	35	
11		螺母M10	1	35	
10	QF00-07	阀盖装置圈	1	HT200	
9	QF00-06	阀盖	1	石棉板	
8		填料卡紧15	2	65Mn	
7		密封填料	1		
6	QF00-05	内六角螺钉M8×35	1		GB/T6170—2000
5	QF00-04	压盖	1	HT200	
4	QF00-03	阀芯密封圈	2	聚四氟乙烯	
3	QF00-02	阀芯	1	45	
2	QF00-01	阀杆	1	HT200	
1	图号	阀体	数量	材料	备注

设计			标准化		单位名称	球阀
制图			描图			
审核			描校		件数 1套 比例 1:1	QF00-00
工艺			批准		重量 共1张 第1张	

标记　处数　分　区　文件号　签　名　年、月、日

技术要求
制造与验收技术条件应
符合JB 2311—1978 的规定。

图 5-44　球阀装配图

（1）概括了解

从标题栏和有关说明书入手，了解机器或部件的名称、用途和绘图比例。球阀是开启或关闭水（气）路的一个阀门，比例 1：1，图示大小即是实物大小。

从图 5-44 明细表和零件序号可知，由 15 个零件组成，各零件数量在明细表中列出。球阀的主视图采用全剖视图，主要表达内部的装配关系；左视图采用半剖视图主要表达球阀的内、外形状；俯视图主要表达球阀的外形和球阀开启和关闭状态（细双点画线表示）。

（2）了解工作原理

球阀是开启或关闭水（气）路的一种常用装置，如图 5-44 所示，图中位置是球阀的开启位置。

其工作原理是：当转动扳手时，扳手带动阀杆、阀杆带动阀芯一起转动 90°，这时球阀是关闭状态，俯视图中的双点画线表示球阀的另一工作位置——关闭。

（3）读懂部件中的各个尺寸

这个球阀的通经是 $\phi32$，是用法兰连接的，连接法兰的直径 $\phi135$，法兰是用 4 条螺栓连接的；球阀的外形尺寸：长 166、宽 135、高 115（中心到阀杆顶部的距离）；阀杆与阀体孔的配合 $\phi18H9/d9$ 是间隙配合，阀体的孔与密封圈 $\phi40H8$ 是过渡配合，密封圈是标准件，如图 5-44 所示。

（4）了解装配关系

球阀有两条相互垂直的装配线，其装配顺序如下。

水平轴线装配：阀体→密封圈→阀芯→密封圈→阀盖密封圈→阀盖→螺栓→螺母。

垂直轴线装配：阀杆（安装在阀芯的槽中）→密封圈→压盖→内六角螺钉→限位板→弹性挡圈→扳手→开口销。

阀体与阀盖之间是用 4 条螺栓连接的，阀体与压盖之间是用 2 条内六角螺钉连接的。安装时注意：阀杆安装在阀芯的槽后，再拧紧 4 条螺栓和压盖的 2 条内六角螺钉。装配完成后，制造与验收技术条件应符合 JB 2311—1978 的规定。球阀的装配顺序如图 5-45 所示。

（5）读懂部件中的各个零件

从明细栏了解到部件由 15 种零件组成，其中标准件 5 种，非标准件 10 件，是一个中等复杂的装配体。

标准件有螺栓（M10×40）4 条、螺母（M10）4 件、内六角螺钉（M8×35）2 条、开口销（3×18）1 条和轴用弹性挡圈 1 个，在明细表中已经注明标准件的国家标准编号、规定标记。根据规定标记可以直接采购。

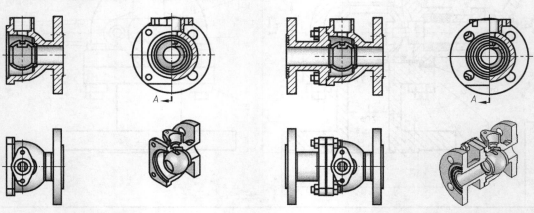

(a) 阀体、密封圈和阀芯　　　　　　　　　(b) 密封圈、阀盖和 4 条螺栓螺母

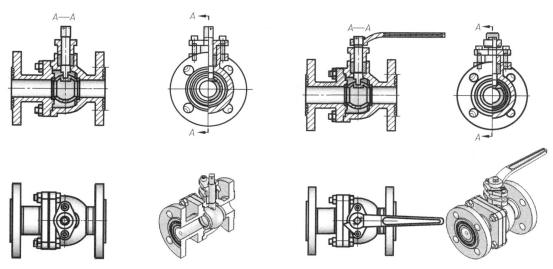

(c) 阀杆、密封圈、压盖和 2 条螺钉   (d) 限位板、弹性挡圈、扳手和开口销

图 5-45　球阀装配顺序

一般零件（又称为非标准件）9 件，是为装配体专门设计和制造的零件。从明细表可知，阀体、阀盖、压盖、阀芯和扳手是铸件，需要做木模铸造成形，其中阀体和阀盖较为复杂；密封圈是聚四氟乙烯材料，需压注成形或车削成形；阀杆是 45 钢，车削成形，阀盖密封圈是青壳纸，冲压成形。

另一种零件是压盖填料，可用石棉绳或其他材料密封，各零件的形状如图 5-46 所示。

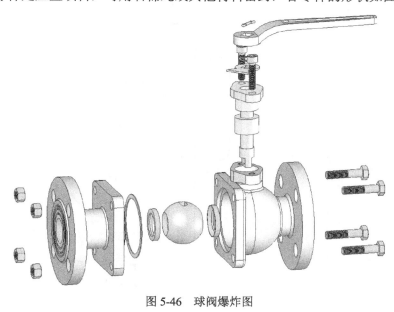

图 5-46　球阀爆炸图

球阀装配图识读

【练习 5-1】　图 5-47 是一个平口钳装配图，图 5-48 是一个齿轮油泵装配图，按上述方法读懂这两张装配图。

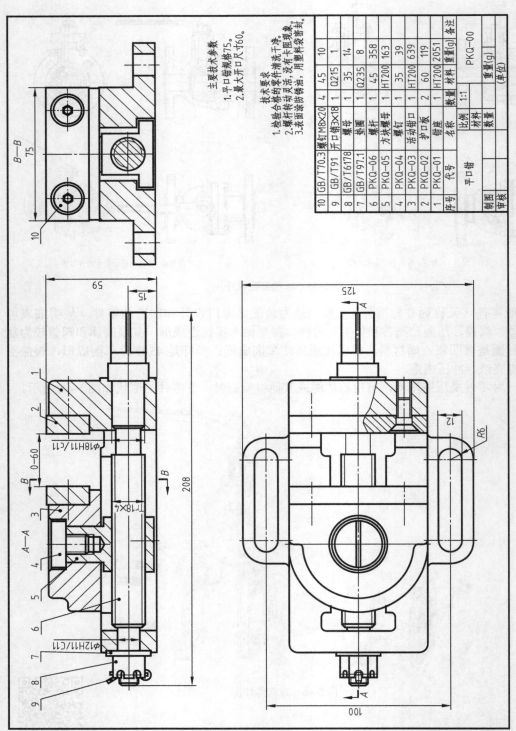

主要技术参数
1. 平口钳规格75。
2. 最大开口尺寸60。

技术要求
1. 检验合格的零件清洗干净。
2. 螺杆转动灵活，没有卡阻现象。
3. 表面涂防锈油，用塑料袋装密封。

序号	代号	名称	数量	材料	重量[g]	备注
10	GB/T70.3	螺钉M8×20	4	45	10	
9	GB/T91	开口销3×18	1	Q215	1	
8	GB/T6178	螺母	1	35	14	
7	GB/T97.1	垫圈	1	Q235	8	
6	PKQ-06	螺杆	1	45	358	
5	PKQ-05	方块螺母	1	HT200	163	
4	PKQ-04	螺钉	1	35	39	
3	PKQ-03	活动钳口	1	HT200	639	
2	PKQ-02	护口板	2	60	119	
1	PKQ-01	钳座	1	HT200	2051	
序号	代号	名称	数量	材料	重量[g]	备注

平口钳		比例	1:1	重量[g]	PKQ-00
		材料			
制图		数量		（单位）	
审核					

图 5-47　平口钳装配图

平口钳
（.x_t 文件）

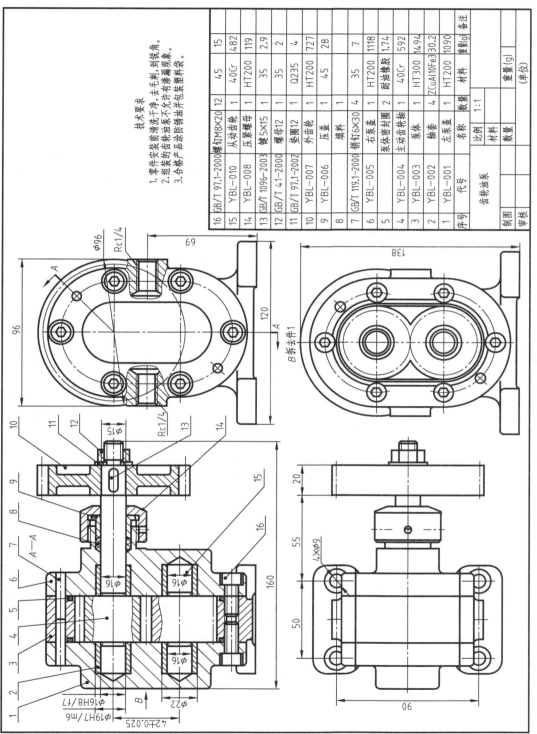

图 5-48　齿轮油泵装配图

16	GB/T 97.1-2000	垫圈M8×20	12	45	15	
15	YBL-010	从动齿轮	1	40Cr	482	
14	YBL-008	压紧螺母	1	HT200	119	
13	GB/T 1096-2003	键 5×15	1	35	2.9	
12	GB/T 41-2000	螺母12	1	35	2	
11	GB/T 97.1-2002	垫圈12	1	Q235	4	
10	YBL-007	外齿轮	1	HT200	727	
9	YBL-006	压盖	1	45	28	
8		填料	1			
7	GB/T 119.1-2000	销钉6×30	4	35	7	
6	YBL-005	右泵盖	1	HT200	1118	
5		泵体密封圈	2	耐油橡胶	1.74	
4	YBL-004	主动齿轮轴	1	40Cr	592	
3	YBL-003	泵体	1	HT300	1494	
2	YBL-002	轴套	4	ZCuAl10Fe3	30.2	
1	YBL-001	左泵盖	1	HT200	1090	
序号	代号	名称	数量	材料	重量(g)	备注

齿轮油泵		比例	1:1	重量(g)	
		数量		(单位)	
制图		材料			
审核					

技术要求
1. 零件安装前清洗干净、去毛刺、到锐角。
2. 组装的齿轮油泵不允许有渗漏现象。
3. 合格产品涂防锈油并包装塑料袋。

齿轮油泵
（.x_t 文件）

表 A-1 优先及常用

代号 基本尺寸/mm 大于	至	A	B	C	D	E	F	G	H					公差
		11	11	*11	*9	8	*8	*7	6	*7	*8	*9	10	*11
一	3	+330	+200	+120	+45	+28	+20	+12	+6	+10	+14	+25	+40	+60
		+270	+140	+60	+20	+14	+6	+2	0	0	0	0	0	0
3	6	+345	+215	+145	+60	+38	+28	+16	+8	+12	+18	+30	+48	+75
		+270	+140	+70	+30	+20	+10	+4	0	0	0	0	0	0
6	10	+370	+240	+170	+76	+47	+35	+20	+9	+15	+22	+36	+58	+90
		+280	+150	+80	+40	+25	+13	+5	0	0	0	0	0	0
10	14	+400	+260	+205	+93	+59	+43	+24	+11	+18	+27	+43	+70	+110
14	18	+290	+150	+95	+50	+32	+16	+6	0	0	0	0	0	0
18	24	+430	+290	+240	+117	+73	+53	+28	+13	+21	+33	+52	+84	+130
24	30	+300	+160	+110	+65	+40	+20	+7	0	0	0	0	0	0
30	40	+470	+330	+280	+142	+89	+64	+34	+16	+25	+39	+62	+100	+160
		+310	+170	+120										
40	50	+480	+340	+290	+80	+50	+25	+9	0	0	0	0	0	0
		+320	+180	+130										
50	65	+530	+380	+330	+174	+106	+76	+40	+19	+30	+46	+74	+120	+190
		+340	+190	+140										
65	80	+550	+390	+340	+100	+60	+30	+10	0	0	0	0	0	0
		+360	+200	+150										
80	100	+600	+440	+390	+207	+126	+90	+47	+22	+85	+54	+87	+140	+220
		+380	+220	+170										
100	120	+630	+460	+400	+120	+72	+36	+12	0	0	0	0	0	0
		+410	+240	+180										
120	140	+710	+510	+450	+245	+148	+106	+54	+25	+40	+63	+100	+160	+250
		+460	+260	+200										
140	160	+770	+530	+460	+145	+85	+43	+14	0	0	0	0	0	0
		+520	+280	+210										
160	180	+830	+560	+480										
		+580	+310	+230										
180	200	+950	+630	+530	+285	+172	+122	+61	+29	+46	+72	+115	+185	+290
		+660	+340	+240										
200	225	+1030	+670	+550	+170	+100	+50	+15	0	0	0	0	0	0
		+740	+380	+260										
225	250	+1110	+710	+570										
		+820	+420	+280										
250	280	+1240	+800	+620	+320	+191	+137	+69	+32	+52	+81	+130	+210	+320
		+920	+480	+300										
280	315	+1370	+860	+650	+190	+110	+56	+17	0	0	0	0	0	0
		+1050	+540	+330										
315	355	+1560	+960	+720	+350	+214	+151	+75	+36	+57	+89	+140	+230	+360
		+1200	+600	+360										
355	400	+1710	+1040	+760	+210	+125	+62	+18	0	0	0	0	0	0
		+1350	+680	+400										
400	450	+1900	+1160	+840	+385	+232	+165	+83	+40	+63	+97	+155	+250	+400
		+1500	+760	+440										
450	500	+2050	+1240	+880	+230	+135	+68	+20	0	0	0	0	0	0
		+1650	+840	+480										

注：带 "*" 者为优先选用的，其他为常用的。

配合孔的极限偏差　　　　　　　　　　　　　　　　　　　　　　　μm

等级	JS		K			M	N		P		R	S	T	U
12	6	7	6	*7	8	7	6	*7	6	*7	7	*7	7	*7
+100 0	±3	±5	0 -6	0 -10	0 -14	-2 -12	-4 -10	-4 -14	-6 -12	-6 -16	-10 -20	-14 -24	—	-18 -28
+120 0	±4	±6	+2 -6	+3 -9	+5 -13	0 -12	-5 -13	-4 -16	-9 -17	-8 -20	-11 -23	-15 -27	—	-19 -31
+150 0	±4.5	±7	+2 -7	+5 -10	+6 -16	0 -15	-7 -16	-4 -19	-12 -21	-9 -24	-13 -28	-17 -32	—	-22 -37
+180 0	±5.5	±9	+2 -9	+6 -12	+8 -19	0 -18	-9 -20	-5 -23	-15 -26	-11 -29	-16 -34	-21 -39	—	-26 -44
+210 0	±6.5	±10	+2 -11	+6 -15	+10 -23	0 -21	-11 -24	-7 -28	-18 -31	-14 -35	-20 -41	-27 -48	— -33 -54	-33 -54 -40 -61
+250 0	±8	±12	+3 -13	+7 -18	+12 -27	0 -25	-12 -28	-8 -33	-21 -37	-17 -42	-25 -50	-34 -59	-39 -64 -45 -70	-51 -76 -61 -86
+300 0	±9.5	±15	+4 -15	+9 -21	+14 -32	0 -30	-14 -33	-9 -39	-26 -45	-21 -51	-30 -60 -32 -62	-42 -72 -48 -78	-55 -85 -64 -94	-76 -106 -91 -121
+350 0	±11	±17	+4 -18	+10 -25	+16 -38	0 -35	-16 -38	-10 -45	-30 -52	-24 -59	-38 -73 -41 -76	-58 -93 -66 -101	-78 -113 -91 -126	-111 -146 -131 -166
+400 0	±12.5	±20	+4 -21	+12 -28	+20 -43	0 -40	-20 -45	-12 -52	-36 -61	-28 -68	-48 -88 -50 -90 -53 -93 -60 -106	-77 -117 -85 -125 -93 -133 -105 -151	-107 -147 -119 -159 -131 -171 -149 -195	-155 -195 -175 -215 -195 -235 -219 -265
+460 0	±14.5	±23	+5 -24	+13 -33	+22 -50	0 -46	-22 -51	-14 -60	-41 -70	-33 -79	-63 -109 -67 -113	-113 -159 -123 -169	-163 -209 -179 -225	-241 -287 -267 -313
+520 0	±16	±26	+5 -27	+16 -36	+25 -56	0 -52	-25 -57	-14 -66	-47 -79	-36 -88	-74 -126 -78 -130	-138 -190 -150 -202	-198 -250 -220 -272	-295 -347 -330 -382
+570 0	±18	±28	+7 -29	+17 -40	+28 -61	0 -57	-26 -62	-16 -73	-51 -87	-41 -98	-87 -144 -93 -150	-169 -226 -187 -244	-247 -304 -273 -330	-369 -426 -414 -471
+630 0	±20	±31	+8 -32	+18 -45	+29 -68	0 -63	-27 -67	-17 -80	-55 -95	-45 -108	-103 -166 -109 -172	-209 -272 -229 -292	-307 -370 -337 -400	-467 -530 -517 -580

表 A-2　优先及常用

代　号		a	b	c	d	e	f	g	h					
基本尺寸 /mm													公　差	
大于	至	11	11	*11	*9	8	*7	*6	5	*6	*7	8	*9	10
	3	-270/-330	-140/-200	-60/-120	-20/-45	-14/-28	-6/-16	-2/-8	0/-4	0/-6	0/-10	0/-14	0/-25	0/-40
3	6	-270/-345	-140/-215	-70/-145	-30/-60	-20/-38	-10/-22	-4/-12	0/-5	0/-8	0/-12	0/-18	0/-30	0/-48
6	10	-280/-338	-150/-240	-80/-170	-40/-76	-25/-47	-13/-28	-5/-14	0/-6	0/-9	0/-15	0/-22	0/-36	0/-58
10	14	-290/-400	-150/-260	-95/-205	-50/-93	-32/-59	-16/-34	-6/-17	0/-8	0/-11	0/-18	0/-27	0/-43	0/-70
14	18													
18	24	-300/-430	-160/-290	-110/-240	-65/-117	-40/-73	-20/-41	-7/-20	0/-9	0/-13	0/-21	0/-33	0/-52	0/-84
24	30													
30	40	-310/-470	-170/-330	-120/-280	-80/-142	-50/-89	-25/-50	-9/-25	0/-11	0/-16	0/-25	0/-39	0/-62	0/-100
40	50	-320/-480	-180/-340	-130/-290										
50	65	-340/-530	-190/-380	-140/-330	-100/-174	-60/-106	-30/-60	-10/-29	0/-13	0/-19	0/-30	0/-46	0/-74	0/-120
65	80	-360/-550	-200/-390	-150/-340										
80	100	-380/-600	-220/-440	-170/-390	-120/-207	-72/-126	-36/-71	-12/-34	0/-15	0/-22	0/-35	0/-54	0/-87	0/-140
100	120	-410/-630	-240/-460	-180/-400										
120	140	-460/-710	-260/-510	-200/-450	-145/-245	-85/-148	-43/-83	-14/-39	0/-18	0/-25	0/-40	0/-63	0/-100	0/-160
140	160	-520/-770	-280/-530	-210/-460										
160	180	-580/-830	-310/-560	-230/-480										
180	200	-660/-950	-340/-630	-240/-530	-170/-285	-100/-172	-50/-96	-15/-44	0/-20	0/-29	0/-46	0/-72	0/-115	0/-185
200	225	-740/-1030	-380/-670	-260/-550										
225	250	-820/-1110	-420/-710	-280/-570										
250	280	-920/-1240	-480/-800	-300/-620	-190/-320	-110/-191	-56/-108	-17/-49	0/-23	0/-32	0/-52	0/-81	0/-130	0/-210
280	315	-1050/-1370	-540/-860	-330/-650										
315	355	-1200/-1560	-600/-960	-360/-720	-210/-350	-125/-214	-62/-119	-18/-54	0/-25	0/-36	0/-57	0/-89	0/-140	0/-230
355	400	-1350/-1710	-680/-1040	-400/-760										
400	450	-1500/-1900	-760/-1160	-440/-840	-230/-385	-135/-232	-68/-131	-20/-60	0/-27	0/-40	0/-63	0/-97	0/-155	0/-250
450	500	-1650/-2050	-840/-1240	-480/-880										

注：带 * 者为优先选用的，其他为常用的。

配合轴的极限偏差　　　　　　　　　　　　　　　　　　　　　　　　　　µm

		js	k	m	n	p	r	s	t	u	v	x	y	z
等级														
*11	12	6	*6	6	*6	*6	6	*6	6	*6	6	6	6	6
0/-60	0/-100	±3	+6/0	+8/+2	+10/+4	+12/+6	+16/+10	+20/+14	—	+24/+18	—	+26/+20	—	+32/+26
0/-75	0/-120	±4	+9/+1	+12/+4	+16/+8	+20/+12	+23/+15	+27/+19	—	+31/+23	—	+36/+28	—	+43/+35
0/-90	0/-150	±4.5	+10/+1	+15/+6	+19/+10	+24/+15	+28/+19	+32/+23	—	+37/+28	—	+43/+34	—	+51/+42
0/-110	0/-180	±5.5	+12/+1	+18/+7	+23/+12	+29/+18	+34/+23	+39/+28	—	+44/+33	—	+51/+40	—	+61/+50
											+50/+39	+56/+45	—	+71/+60
0/-130	0/-210	±6.5	+15/+2	+21/+8	+28/+15	+35/+22	+41/+28	+48/+35	—	+54/+41	+60/+47	+67/+54	+76/+63	+86/+73
									+54/+41	+61/+48	+68/+55	+77/+64	+88/+75	+101/+88
0/-160	0/-250	±8	+18/+2	+25/+9	+33/+17	+42/+26	+50/+34	+59/+43	+64/+48	+76/+60	+84/+68	+96/+80	+110/+94	+128/+112
									+70/+54	+86/+70	+97/+81	+113/+97	+130/+114	+152/+136
0/-190	0/-300	±9.5	+21/+2	+30/+11	+39/+20	+51/+32	+60/+41	+72/+53	+85/+66	+106/+87	+121/+102	+141/+122	+163/+144	+191/+172
							+62/+43	+78/+59	+94/+75	+121/+102	+139/+120	+165/+146	+193/+174	+229/+210
0/-220	0/-350	±11	+25/+3	+35/+13	+45/+23	+59/+37	+73/+51	+93/+71	+113/+91	+146/+124	+168/+146	+200/+178	+236/+214	+280/+258
							+76/+54	+101/+79	+126/+104	+166/+144	+194/+172	+232/+210	+276/+254	+332/+310
0/-250	0/-400	±12.5	+28/+3	+40/+15	+52/+27	+68/+43	+88/+63	+117/+92	+147/+122	+195/+170	+227/+202	+273/+248	+325/+300	+390/+365
							+90/+65	+125/+100	+159/+134	+215/+190	+253/+228	+305/+280	+365/+340	+440/+415
							+93/+68	+133/+108	+171/+146	+235/+210	+277/+252	+335/+310	+405/+380	+490/+465
0/-290	0/-460	±14.5	+33/+4	+46/+17	+60/+31	+79/+50	+106/+77	+151/+122	+195/+166	+265/+236	+313/+284	+379/+350	+454/+425	+549/+520
							+109/+80	+159/+130	+209/+180	+287/+258	+339/+310	+414/+385	+499/+470	+604/+575
							+113/+84	+169/+140	+225/+196	+313/+284	+369/+340	+454/+425	+549/+520	+669/+640
0/-320	0/-520	±16	+36/+4	+52/+20	+66/+34	+88/+56	+126/+94	+190/+158	+250/+218	+347/+315	+417/+385	+507/+475	+612/+580	+742/+710
							+130/+98	+202/+170	+272/+240	+382/+350	+457/+425	+557/+525	+682/+650	+822/+790
0/-360	0/-570	±18	+40/+4	+57/+21	+73/+37	+98/+62	+144/+108	+226/+190	+304/+268	+426/+390	+511/+475	+626/+590	+766/+730	+936/+900
							+150/+114	+244/+208	+330/+294	+471/+435	+566/+530	+696/+660	+856/+820	+1036/+1000
0/-400	0/-630	±20	+45/+5	+63/+23	+80/+40	+108/+68	+166/+126	+272/+232	+370/+330	+530/+490	+635/+595	+780/+740	+960/+920	+1140/+1100
							+172/+132	+292/+252	+400/+360	+580/+540	+700/+660	+860/+820	+1040/+1000	+1290/+1250

附录 B 常用材料与热处理

表 B-1 常用钢铁材料

名称	牌号	应用举例（参考）	说明
灰铸铁	HT100 HT150	用于低强度铸件，如盖、手轮、支架等 用于中强度铸件，如底座、刀架、轴承座、胶带轮、端盖等	"HT"为"灰铁"的汉语拼音的首位字母，后面的数字表示抗拉强度（N/mm²），如 HT200 表示抗拉强度为 200N/mm² 的灰铸铁
	HT200 HT250	用于高强度铸件，如机床立柱、刀架、齿轮箱体、床身、油缸、泵体、阀体等	
	HT300 HT350	用于高强度耐磨铸件，如齿轮、凸轮、重载荷床身、高压泵、阀壳体、锻模、冷冲压模等	
碳素结构钢	Q235 A 级 B 级 C 级 D 级	金属结构件，心部强度要求不高的渗碳或氰化零件，吊钩、拉杆、套圈、汽缸、齿轮、螺栓、螺母、连杆、轮轴、楔、盖及焊接件	Q235 表示碳素结构钢屈服点为 235N/mm²
优质碳素结构钢	20 35 45 60	轴、辊子、连接器、紧固件中的螺栓、螺母 齿轮、齿条、链轮、凸轮、扎辊、曲柄轴 活塞杆、轮轴、齿轮、链轮、凸轮、扎辊、曲柄轴 叶片、弹簧	牌号中的两位数字表示平均含碳量。45 钢即表示碳的质量分数为 0.45%
	65Mn	弹簧、发条	锰的质量分数较高的钢，需加注化学元素符号"Mn"
合金结构钢	铬钢 20Cr 40Cr	重要的调质零件：轮轴、齿轮、摇杆、螺栓 较重要的调质零件：齿轮、进气阀、辊子、轴	钢中加入一定量的合金元素，提高了钢的力学性能和耐磨性能，也提高了钢在热处理时的淬透性，保证金属在较大截面上获得好的力学性能
	铬锰钛钢 18CrMnTi 30CrMnTi 40CrMnTi	汽车上重要的渗碳件：齿轮 汽车、拖拉机上强度特高的渗碳齿轮 强度高、耐磨性高的大齿轮、主轴	

表 B-2 常用有色金属及其合金材料

名称	牌号	主要用途	说明
5-5-5 锡青铜	ZCuSn5Pb5Zn5	耐磨性和耐蚀性均好，易加工，铸造性和气密性较好。用于较高负荷、中等滑动速度下工作的耐磨、耐腐蚀零件，如轴瓦、衬套、缸套、活塞、离合器、蜗轮等	"Z"为铸造汉语拼音的首位字母、各化学元素后面的数字表示该元素含量的百分数，如 ZCuAl10Fe3 表示含：w_{Al}=8.1% ~ 11%、w_{Fe}=2% ~ 4%，其余为 Cu 的铸造铝青铜
10-3 铝青铜	ZCuAl10Fe3	力学性能好，耐磨性、耐蚀性、抗氧化性好，可以焊接，不易钎焊。可用于制造强度高、耐磨、耐蚀的零件，如蜗轮、轴承、衬套、管嘴、耐热管配件等	
25-6-3-3 铝黄铜	ZCuZn25Al6Fe3Mn3	有很高的力学性能，铸造性良好、耐蚀性较好，可以焊接。适用于高强耐磨零件，如桥梁支承板、螺母、螺杆、耐磨板、滑块、蜗轮等	
38-2-2 锰黄铜	ZCuZn38Mn2Pb2	有较高的力学性能和耐蚀性，耐磨性较好，切削性良好。可用于一般用途的构件，船舶仪表等使用的外形简单的铸件，如套筒、衬套、轴瓦、滑块等	

续表

名称	牌号	主 要 用 途	说明
铸造铝合金	ZAlSi12 代号 ZL102	用于制造形状复杂、负荷小、耐腐蚀的薄壁零件和工作温度 ≤ 200℃ 的高气密性零件	w_{Si}=10% ～ 13% 的铝硅合金
硬铝	2A12 （原 LY12）	焊接性能好，适于制作高载荷的零件及构件（不包括冲压件和锻件）	2A12 表示 w_{Cu}=3.8% ～ 4.9%、w_{Mg}=1.2% ～ 1.8%、w_{Mn}=0.3% ～ 0.9% 的硬铝
工业纯铝	1060 （代 L2）	塑性、耐腐蚀性高，焊接性好，强度低。适于制作储槽、热交换器、防污染及深冷设备等	1060 表示含杂质 ≤ 0.4% 的工业纯铝

表 B-3 常用非金属材料

材料类型	名称	代号	主要用途
常用高分子材料	尼龙	尼龙 6 尼龙 66 尼龙 610	具有优良的机械强度和耐磨性。广泛用作机械、化工及电器零件，例如轴承、齿轮、泵叶轮、风扇叶轮、高压密封圈、输油管、储油容器等
	聚四氟乙烯	SFL-4-13 PTFE	耐腐蚀、耐高温。用于腐蚀介质中，起密封和减磨作用，用作垫圈等
	丙烯腈 - 丁二烯 - 苯乙烯	ABS	有极好的抗冲击强度，有良好的机械强度、硬度和一定的耐磨性、耐寒性、耐油性、耐水性、化学稳定性及电气性能。用于制造齿轮、泵叶轮、轴承、把手、管道、电机外壳、仪表壳、仪表盘、水箱外壳、蓄电池槽、冷藏库和冰箱衬里等
	聚甲醛	POM	具有良好的摩擦性能和抗磨损性能，尤其是优越的干摩擦性能。用于制造轴承、齿轮、阀门上的阀杆螺母、垫圈、鼓风机叶片等
	聚碳酸酯	PC	具有较高的冲击韧性和优异的尺寸稳定性。用于制造齿轮、蜗轮、齿条、汽车化油器部件、节流阀、各种外壳
	有机玻璃	PMMA	耐酸碱以及二氧化硫、臭氧等腐蚀气体，有较高的透明度。可用作耐腐蚀和需要透明的零件
	酚醛层压板	3302-1 3302-2	用作结构材料及用以制造各种机械零件
	耐油橡胶板	3001 3002	可在一定温度的机油、变压器油、汽油等介质中工作。适应冲制各种形状的垫圈
	耐热橡胶板	4001 4002	可在 -30 ～ +100℃、且压力不大的条件下，与热空气、蒸汽介质中工作，用作冲制各种垫圈和隔热垫板
其他非金属材料	软钢纸板	—	厚度为 0.5 ～ 3.0mm，用作密封连接处的密封垫片
	油浸石棉盘根	YS 450	用于在回转轴、往复活塞或阀门杆上作密封材料，介质为空气、蒸汽、工业用水、重质石油产品
	工业用平面毛毡	112-44 232-66	厚度 1 ～ 40mm。用作密封、防漏油、防振、缓冲衬垫等。按需要选用细毛、半粗毛、粗毛

表 B-4 常用热处理方法

名称	代号	说 明	目的
退火	5111	将钢件加热到临界温度以上（一般是 710 ～ 7150℃，个别金属钢 800 ～ 900℃）30 ～ 50℃，保温一段时间，然后缓慢冷却（一般在炉中冷却）	用来消除铸、锻、焊零件的内应力，降低硬度，便于切削加工，细化金属晶粒，改善组织，增加韧性

名称	代号	说　明	目的
正火	5121	将钢件加热到临界温度以上，保温一段时间，然后在空气中冷却，冷却速度比退火快	用来处理低碳钢、中碳结构钢及渗碳零件，细化晶粒，增加强度和韧性，减少内应力，改善切削性能
淬火	5131	将钢件加热到临界温度以上，保温一段时间，然后在水、盐水或油中（个别材料在空气中）急剧冷却，使其得到高硬度	用来提高钢的硬度和强度极限。但淬火后引起内应力，使钢变脆，所以淬火后必须回火
回火	5141	将淬火后的钢件重新加热到临界温度以下某一温度，保温一段时间，然后在空气中或油中冷却	提高机件强度及耐磨性，但淬火后引起内应力，使钢变脆，所以淬火后必须回火
调质	5151	淬火后在 500～700℃进行高温回火	用来使钢获得高的韧性和足够的强度。重要的齿轮、轴及丝杠等零件需调质处理表面
表面淬火	5210	用火焰或高频电流将零件表面迅速加热到临界温度以上，急速冷却	提高机件表面的硬度及耐磨性、而心部又保持一定的韧性，使零件既耐磨又能承受冲击。常用来处理齿轮等
渗碳	5310	在渗碳剂中将钢件加热到 900～950℃，停留一定时间，将碳渗入钢表面，渗碳深度 0.5～2mm，再淬火回火	增加钢件的耐磨性能、表面强度、抗拉强度及疲劳极限。适用于低碳、中碳（$w_c < 0.4\%$）结构钢的中小型零件
渗氮	5330	渗氮是在 500～600℃通入氨的炉子内加热，向钢的表面渗入氮原子的过程。渗氮层为 0.025～0.8mm，渗氮时间需 40～50h	增加钢件表面的耐磨性能、表面硬度、疲劳极限和抗蚀能力。适用于合金钢、碳钢、铸铁件，如机床主轴、丝杠、重要液压元件
碳氮共渗	5320	在 820～860℃炉内通入碳和氮，保温 1～2h，使钢件的表面同时渗入碳、氮原子，可得到 0.2～0.5mm 氰化层	增加机件表面的硬度、耐磨性、疲劳强度和抗蚀能力，用于要求硬度高、耐磨的中小型、薄片零件刀具等
固熔热处理和时效	5181	低温回火后，精加工前，加热到 100～160℃后，保温 10～40h。铸件也可天然时效（放在露天中一年以上）	消除内应力，稳定机件形状和尺寸，常用于处理精密机件，如精密轴承、精密丝杠等

表 B-5　常用金属材料的硬度

硬度	布氏硬度	HBW	用来测定硬度中等以下的金属材料，如铸铁、有色金属及其合金等
	洛氏硬度	HRA HRB HRC	用来测定硬度较高的金属材料，如淬火钢、调质钢等
	肖氏硬度	HS	主要用来测定表面光滑的精密量具，或不易搬动的大型机件

附录 C 螺纹

表 C-1　普通螺纹直径与螺距优选系列（GB/T 193—2003、GB/T 196—2003、GB/T 9144—2000）　mm

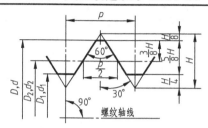

d——外螺纹大径
D——内螺纹大径
d_1——外螺纹小径
D_1——内螺纹小径
d_2——外螺纹中径
D_2——内螺纹中径
P——螺距
H——原始三角形高度

标记示例：

M12　粗牙普通外螺纹，公称直径 d=12，右旋，中径及大径公差带均为 6g（6g 省略），中等旋合长度

M12×1.5LH-7H　普通细牙内螺纹，公称直径 D=12，螺距 P=1.5，左旋，中径及小径公差带均为 7H（6H 才可以省略），中等旋合长度

公称直径 D、d			螺距 P		粗牙螺纹 小径 D_1、d_1
第 1 选择	第 2 选择	第 3 选择	粗牙	细牙	
4			0.7	0.5	3.242
5			0.8		4.134
6			1	0.75	4.917
	7				5.917
8			1.25	1、0.75	6.647
10			1.5	1.25、1、0.75	8.376
12			1.75	1.5、1.25、1	10.106
	14		2	1.5、1.25、1	11.835
		15	—	1.5、1	—
16			2	1.5、1	13.835
	18		2.5	2、1.5、1	15.294
20				2、1.5、1	17.294
	22			2、1.5、1	19.294
24			3	2、1.5、1	20.752
		25	—	2、1.5、1	—
	27		3	2、1.5、1	23.752
30			3.5	(3)、2、1.5、1	26.211
	33			(3)、2、1.5	29.211
		35	—	1.5	—
36			4	3、2、1.5	31.670
	39			3、2、1.5	34.670
		40		3、2、1.5	—
42			4.5	4、3、2、1.5	37.129
	4.5				40.129
48			5		42.587

注：1. 直径优先选用"第 1 选择"，其次是"第 2 选择"，"第 3 选择"（表中未全部列出）尽可能不选用。

2. 括号内螺距尽可能不选用。

3. M14×1.25 仅用于火花塞，M35×1.5 仅用于滚动轴承锁紧螺钉。

表 C-2　梯形螺纹直径与螺距优选系列（GB/T 5796.1 ～ 5796.3—2005）　　　mm

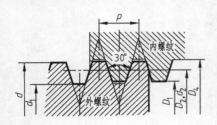

d——外螺纹大径（公称直径）
d_1——外螺纹小径
D_4——内螺纹大径
D_1——内螺纹小径
d_2——外螺纹中径
D_2——内螺纹中径
P——螺距

标记示例：
Tr40×7-7H　单线梯形内螺纹，公称直径 d=40，螺距 P=7，右旋，中径公差带为 7H，中等旋合长度
Tr60×18（P9）LH-8e-L　双线梯形外螺纹，公称直径 d=60，导程 P_h=18，螺距 P=9，左旋，中径公差带为 8e，长旋合长度

公称直径 d 第一系列	公称直径 d 第二系列	螺距 P	中径 $d_2=D_2$	大径 D_4	小径 d_1	小径 D_1	公称直径 d 第一系列	公称直径 d 第二系列	螺距 P	中径 $d_2=D_2$	大径 D_4	小径 d_1	小径 D_1
8		1.5	7.25	8.30	6.20	6.50		26	3	24.50	26.50	22.50	23.00
	9	1.5	8.25	9.30	7.20	7.50		26	5	23.50	26.50	20.50	21.00
	9	2	8.00	9.50	6.50	7.00		26	8	22.00	27.00	17.00	18.00
10		1.5	9.25	10.30	8.20	8.50		28	3	26.50	28.50	24.50	25.00
10		2	9.00	10.50	7 50	8.00		28	5	25.50	28.50	22.50	23.00
	11	2	10.00	11.50	8 50	9.00		28	8	24.00	29.00	19.00	20.00
	11	3	9.50	11.50	7 50	8.00		30	3	28.50	30.50	26.50	27.00
12		2	11.00	12.50	9 50	10.00		30	6	27.00	31.00	23.00	24.00
12		3	10.50	12.50	8 50	9.00		30	10	25.00	31.00	19.00	20.00
	14	2	13.00	14.50	11 50	12.00	32		3	30.50	32.50	28.50	29.00
	14	3	12.50	14.50	10.50	11.00	32		6	29.00	33.00	25.00	26.00
16		2	15.00	16.50	13 50	14.00	32		10	27.00	33.00	21.00	22.00
16		4	14.00	16.50	11 50	12.00		34	3	32.50	34.50	30.50	31.00
	18	2	17.00	18.50	15 50	16.00		34	6	31.00	35.00	27.00	28.00
	18	4	16.00	18.50	13 50	14.00		34	10	29.00	35.00	23.00	24.00
20		2	19.00	20.50	17 50	18.00	36		3	34.50	36.50	32.50	33.00
20		4	18.00	20.50	15 50	16.00	36		6	33.00	37.00	29.00	30.00
	22	3	20.50	22.50	18 50	19.00	36		10	31.00	37.00	25.00	26.00
	22	5	19.50	22.50	16.50	17.00		38	3	36.50	38.50	34.50	35.00
	22	8	18.00	23.00	13.00	14.00		38	7	34.50	39.00	30.00	31.00
24		3	22.50	24.50	20.50	21.00		38	10	33.00	39.00	27.00	28.00
24		5	21.50	24.50	18.50	19.00	40		3	38.50	40.50	36.50	37.00
24		8	20.00	25.00	15.00	16.00	40		7	36.50	41.00	32.00	33.00
							40		10	35.00	41.00	29.00	30.00

注：优先选用"第一系列"的直径。

表 C-3　55°非螺纹密封的管螺纹（GB/T 7307—2001）

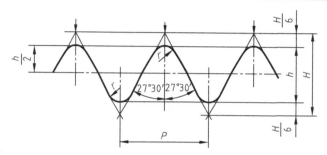

$H=0.960491P$
$h=0.640327P$
$r=0.137329P$

标记示例：

管子尺寸代号为 3/4，左旋内螺纹：G3/4LH（右旋螺纹不注旋向）

管子尺寸代号为 1/2，A 级左旋外螺纹：G1/2A-LH

管子尺寸代号为 1/2，B 级左旋外螺纹：G1/2B-LH

尺寸代号	每 25.4mm 内所包含的牙数 n	螺距 P /mm	牙高 h /mm	基本直径		
				大径 $d=D$ /mm	中径 $d_2=D_2$ /mm	小径 $d_1=D_1$ /mm
1/16	28	0.907	0.581	7.723	7.142	6.561
1/8	28	0.907	0.581	9.728	9.147	8.566
1/4	19	1.337	0.856	13.157	12.301	11.445
3/8	19	1.337	0.856	16.662	15.806	14.950
1/2	14	1.814	1.162	20.955	19.793	18.631
5/8	14	1.814	1.162	22.911	21.749	20.587
3/4	14	1.814	1.162	26.441	25.279	24.117
7/8	14	1.814	1.162	30.201	29.039	27.877
1	11	2.309	1.479	33.249	31.770	30.291
$1^1/_3$	11	2.309	1.479	37.897	36.418	34.939
$1^1/_4$	11	2.309	1.479	41.910	40.431	38.952
$1^1/_3$	11	2.309	1.479	47.803	46.324	44.845
$1^3/_4$	11	2.309	1.479	53.746	52.267	50.788
2	11	2.309	1.479	59.614	58.135	56.656
$2^1/_4$	11	2.309	1.479	65.710	64.231	62.752
$2^1/_2$	11	2.309	1.479	75.184	73.705	72.226
$2^3/_4$	11	2.309	1.479	81.534	80.055	78.576
3	11	2.309	1.479	87.884	86.405	84.926
$3^1/_2$	11	2.309	1.479	100.330	98.851	97.372
4	11	2.309	1.479	113.030	111.551	110.072
$4^1/_2$	11	2.309	1.479	125.730	124.251	122.772
5	11	2.309	1.479	138.430	136.951	135.472
$5^1/_2$	11	2.309	1.479	151.130	149.651	148.172
6	11	2.309	1.479	163.830	162.351	160.872

附录 D 常用标准件

表 D-1 六角头螺栓规格（GB/T 5780 ～ 5783—2000）　　　　mm

六角头螺栓—C 级（摘自 GB/T 5780—2000）　　　　六角头螺栓—A 和 B 级（摘自 GB/T 5782—2000）

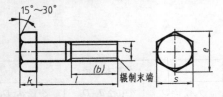　　　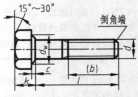

六角头螺栓—全螺纹—C 级（摘自 GB/T 5781—2000）　　　六角头螺栓—全螺纹—A 和 B 级（摘自 GB/T 5783—2000）

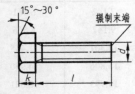　　　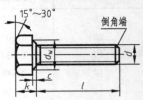

标记示例：

螺栓 GB/T 5780　M20×120　螺纹规格 d=M20，公称长度 l=120，性能等级为 4.8 级，不经表面处理，杆身半螺纹，C 级的六角头螺栓

螺栓 GB/T 5781　M12×70　螺纹规格 d=M12，公称长度 l=70，性能等级为 4.8 级，不经表面处理，全螺纹，C 级的六角头螺栓

螺栓 GB/T 5782　M12×100　螺纹规格 d=M12，公称长度 l=100，性能等级为 8.8 级，表面氧化，杆身半螺纹，A 级的六角头螺栓

螺纹规格 d		M5	M6	M8	M10	M12	M16	M20	M24	M30	M36	M42	M48
k		3.6	4	5.3	6.4	7.5	10	12.5	15	18.7	22.5	26	30
s		8	10	13	16	18	24	30	36	46	55	65	75
e_{min}	A 级	8.8	11.1	14.4	17.8	20.0	26.8	33.5	40.0	—	—	—	—
	B、C 级	8.6	10.9	14.2	17.6	19.9	26.2	33.0	39.6	50.9	60.8	72.0	82.6
b 参考 (A、B 级)	$l \leqslant 125$	16	18	22	26	30	38	46	54	66	78	—	—
	$25 < l \leqslant 200$	22	24	28	32	36	44	52	60	72	84	96	108
	$l > 200$	35	37	41	45	49	57	65	73	85	97	109	121
b 参考 (C 级)	$l \leqslant 125$	16	18	22	26	30	38	46	54	66	78	—	—
	$25 < l \leqslant 200$	—	—	28	32	36	44	52	60	72	84	96	108
	$l > 200$	—	—	—	—	—	57	65	73	85	97	109	121
l 范围	GB/T 5780	25～50	30～60	40～80	45～100	55～120	65～160	80～200	100～240	120～300	140～360	180～420	200～480
	GB/T 5781	10～50	12～60	16～80	20～100	25～120	35～160	40～200	50～240	60～300	70～360	80～420	100～480
	GB/T 5782	25～50	30～60	40～80	45～100	50～120	65～160	80～200	80～240	110～300	140～360	160～440	180～480
	GB/T 5783	10～50	12～60	16～80	20～100	25～120	30～150	40～150	50～200	60～200	70～200	80～200	100～200
l 系列		10、12、16、20～70（5 递增）、80—160（10 递增）、180—480（20 递增）											

注：1. 产品等级：A 级用于 $d \leqslant 24$mm 和 $l \leqslant 10d$ 或 $l \leqslant 150$mm；B 级用于 $d > 24$mm 和 $l > 10d$ 或 $l > 150$mm（按较小值，A 级比 B 级精确）。

2. A 和 B 级：螺纹公差为 6g，力学性能等级有 5.6 级、8.8 级、9.8 级、10.9 级（材料：钢）；C 级：螺纹公差为 8g，力学性能等级有 3.6 级、4.6 级、4.8 级（材料：钢）。

3. 末端按 GB/T 2—2000 规定。

表 D-2　六角头螺母规格（GB/T 41—2000、GB/T 6170—2000）　　mm

六角螺母—C 级（GB/T 41—2000）　　　　　　1 型六角螺母—A 和 B 级（GB/T 6170—2000）

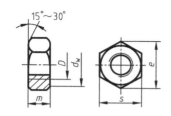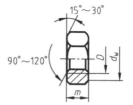

标记示例：

螺母 GB/T 41　M12　螺纹规格 D=M12，性能等级为 5 级，不经表面处理，产品等级为 C 级的六角螺母

螺母 GB/T 6170　M16　螺纹规格 D=M16，性能等级为 10 级，不经表面处理，A 级的 1 型六角螺母

螺纹规格 D		M4	M5	M6	M8	M10	M12	M16	M20	M24	M30	M36	M42	M48
s		7	8	10	13	16	18	24	30	36	46	55	65	75
e_{min}	A、B 级	7.7	8.8	11.0	14.4	17.8	20.0	26.8	33.0	40.0	50.9	60.8	72.0	82.6
	C 级	—	8.6	10.9	14.2	17.6	19.9	26.2						
m_{max}	A、B 级	3.2	4.7	5.2	6.8	8.4	10.8	14.8	18.0	21.5	25.6	31.0	34.0	38.0
	C 级	—	5.6	6.1	7.9	9.5	12.2	15.9	18.7	22.3	26.4	31.9	34.9	38.9
d_{wmin}	A、B 级	5.9	6.9	8.9	11.6	14.6	16.6	22.5	27.7	33.2	42.7	51.1	60.6	69.4
	C 级	—	6.7	8.7	11.5	14.5	16.5	22.0						

注：1. A 级用于 $D \leqslant 16$mm 的螺母；B 级用于 $D > 16$mm 的螺母；C 级的螺纹规格为 M5～M60。

2. A、B 级：螺纹公差为 6H，力学性能等级有 6 级、8 级、10 级（材料：钢）；C 级：螺纹公差为 7H，力学性能等级有 4 级、5 级（材料：钢）。

表 D-3　双头螺柱规格（GB/T 897～900—1988）　　mm

b_m=1d（GB/T 897—1988）；b_m=1.25d（GB/T 898—1988）；b_m=1.5d（GB/T 899—1988）；b_m=2d（GB/T 900—1988）

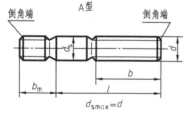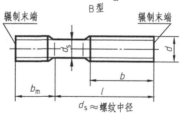

标记示例：

螺柱 GB/T 899—1988　M10×50　两端均为粗牙普通螺纹，d=10，l=50，性能等级为 4.8 级，不经表面处理，B 型，b_m=1.5d 的双头螺柱

螺柱 GB/T 897—1988　AM10-M10×1×50　旋入机体一端为粗牙普通螺纹，旋螺母端为螺距 P=1 的细牙普通螺纹，d=10，l=50，性能等级为 4.8 级，不经表面处理，A 型，b_m=d 的双头螺柱

螺纹规格 d	b_m				l/b
	GB/T 897	GB/T 898	GB/T 899	GB/T 900	
M4	—	—	6	8	（16～22）/8、（25～40）/14
M5	5	6	8	10	（16～22）/10、（25～50）/16
M6	6	8	10	12	（20～22）/10、（25～30）/14、（32～75）/18
M8	8	10	12	16	（20～22）/12、（25～30）/16、（32～90）/22
M10	10	12	15	20	（25～28）/14、（30～38）/16、（40～120）/26、130/32
M12	12	15	18	24	（25～30）/16、（32～40）/20、（45～120）/30、（130～180）/36
M16	16	20	24	32	（30～38）/20、（40～55）/30、（60～120）/38、（130～200）/44
M20	20	25	30	40	（35～40）/25、（45～65）/35、（70～120）/46、（130～200）/52

螺纹规格	b_m				l/b
d	GB/T 897	GB/T 898	GB/T 899	GB/T 900	
M24	24	30	36	48	（45～50）/30、（55～75）/45、（80～120）/54、（130～200）/60
M30	30	38	45	60	（60～65）/40、（70～90）/50、（95～120）/66、（130～200）/72、（210～250）/85
M36	36	45	54	72	（65～75）/45、（80～110）/60、120/78、（130～200）/84、（210～300）/97
M42	42	52	63	84	（70～80）/50、（85～110）/70、120/90、（130～200）/96、（210～300）/109
M48	48	60	72	96	（80～90）/60、（95～110）/80、130/102、（130～200）/108、（210～300）/121
l系列	12、（14）、16、（18）、20、（22）、25、（28）、30、（32）、35、（38）、40、45、50、55、60、（65）、70、75、80、（85）、90、（95）、100～260（10递增）、280、300				

注：1. 尽可能不采用括号内的长度系列。

2. b_m＝1d，一般用于钢对钢；b_m＝（1.25～1.5）d，一般用于钢对铸铁；b_m＝2d，一般用于钢对铝合金。

3. 螺纹公差为6g，力学性能等级有4.8级、5.8级、6.8级、8.8级、10.9级、12.9级（材料：钢），产品等级为B级。

4. 末端按GB/T 2—2000规定。

表D-4　螺钉规格（GB/T 65—2000、GB/T 67—2000、GB/T 68—2000）　　mm

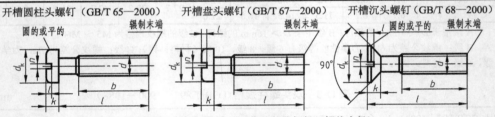

（无螺纹部分杆径≈中径或无螺纹部分杆径＝螺纹大径）

标记示例：

螺钉 GB/T 65　M5×20　螺纹规格d＝M5，公称长度l＝20mm，性能等级为4.8级，不经表面热处理的A级开槽圆柱头螺钉

	d	M1.6	M2	M2.5	M3	M4	M5	M6	M8	M10
	P（螺距）	0.35	0.4	0.45	0.5	0.7	0.8	1	1.25	1.5
	b_{min}	25	25	25	25	38	38	38	38	38
	n	0.4	0.5	0.6	0.8	1.2	1.2	1.6	2	2.5
GB/T 65—2000	d_{kmax}	3.0	3.8	4.5	5.5	7	8.5	10	13	16
	k_{max}	1.1	1.4	1.8	2.0	2.6	3.3	3.9	5	6
	t_{min}	0.45	0.6	0.7	0.85	1.1	1.3	1.6	2	2.4
	商品规格长度l	2～16	3～20	3～25	4～30	5～40	6～50	8～60	10～80	12～80
	全螺纹长度l	2～30	3～30	3～30	4～30	5～40	6～40	8～40	10～40	12～40
GB/T 67—2000	d_{kmax}	3.2	4	5	5.6	8	9.5	12	16	20
	k_{max}	1.0	1.3	1.5	1.8	2.4	3	3.6	4.8	6
	t_{min}	0.35	0.5	0.6	0.7	1	1.2	1.4	1.9	2.4
	商品规格长度l	2～16	2.5～20	3～25	4～30	5～40	6～50	8～60	10～80	12～80
	全螺纹长度l	2～30	2.5～30	3～30	4～30	5～40	6～40	8～40	10～40	12～40
GB/T 68—2000	d_{kmax}	3.0	3.8	4.7	5.5	8.4	9.3	11.3	15.8	18.3
	k_{max}	1	1.2	1.5	1.65	2.7	2.7	3.3	4.65	5
	t_{min}	0.32	0.4	0.5	0.6	1	1.1	1.2	1.8	2
	商品规格长度l	2.5～16	3～20	4～25	5～30	6～40	8～50	8～60	10～80	12～80
	全螺纹长度l	2.5～30	3～30	4～30	5～30	6～45	8～45	8～45	10～45	12～45
l系列	2、2.5、3、4、5、6、8、10、12、（14）、16、20、25、30、35、40、45、50、（55）、60、（65）、70、（75）、80									

注：1. 尽可能不采用括号内的长度系列。

2. 本表所列螺钉的螺纹公差为6g，力学性能等级为4.8级、5.8级，产品等级为A级。

表 D-5 垫圈规格（GB/T 97.1—2002、GB/T 97.2—2002、GB/T 93—1987）   mm

平垫圈—A 级（GB/T 97.1—2002）   平垫圈倒角型—A 级（GB/T 97.2—2002）
平垫圈—C 级（GB/T 95—2002）   标准型弹簧垫圈（GB/T 93—1987）

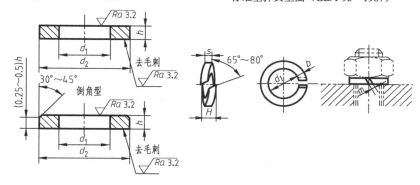

标记示例:

垫圈 GB/T 95—2002 10 标准系列，公称尺寸 d=10，性能等级为 100HV 级（属于 C 级），不经表面处理的平垫圈

垫圈 GB/T 97.2—2002 10 标准系列，公称尺寸 d=10，性能等级为 140HV 级（属于 A 级），倒角型，不经表面处理的平垫圈

垫圈 GB/T 93—1987 10 规格 10，材料为 65Mn、表面氧化的标准型弹簧垫圈

公称直径 d（螺纹规格）		4	5	6	8	10	12	14	16	20	24	30	36	42	48
GB/T 97.1—2002（A 级）	d_1	4.3	5.3	6.4	8.4	10.5	13	15	17	21	25	31	37	—	—
	d_2	9	10	12	16	20	24	28	30	37	44	56	66	—	—
	h	0.8	1	1.6	1.6	2	2.5	2.5	3	3	4	4	5	—	—
GB/T 97.2—2002（A 级）	d_1	—	5.3	6.4	8.4	10.5	13	15	17	21	25	31	37	—	—
	d_2	—	10	12	16	20	24	28	30	37	44	56	66	—	—
	h	—	1	1.6	1.6	2	2.5	2.5	3	3	4	4	5	—	—
GB/T 95—2002（C 级）	d_1	—	5.5	6.6	9	11	13.5	15.5	17.5	22	26	33	39	45	52
	d_2	—	10	12	16	20	24	28	30	37	44	56	66	78	92
	h	—	1	1.6	1.6	2	2.5	2.5	3	3	4	4	5	8	8
GB/T 93—1987	d_1	4.1	5.1	6.1	8.1	10.2	12.2	14.2	16.2	20.2	24.5	30.5	36.5	42.5	48.5
	$s=b$	1.1	1.3	1.6	2.1	2.6	3.1	3.6	4.1	5	6	7.5	9	10.5	12
	H	2.8	3.3	4	5.3	6.5	7.8	9.0	10.3	12.5	15	18.8	22.5	26.3	30
	$m \leqslant$	0.55	0.65	0.8	1.05	1.3	1.55	1.8	2.05	2.5	3	3.75	4.5	5.25	6

注：1. A 级适用于精装配系列，C 级适用于中等装配系列。

2. A 级：力学性能等级有 140HV、200HV、300HV（材料：钢）；C 级：力学性能等级有 100HV（材料：钢）。

3. C 级垫圈没有 Ra3.2 和去毛刺的要求。

附录 E　键与销

表 E-1　平键及轴槽各部分尺寸（GB/T 1096—2003、GB/T 1095—2003）　　mm

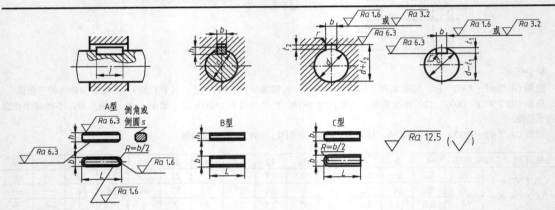

标记示例：

键 GB/T 1096　12×8×60　圆头普通平键，b=12，h=8，L=60（A级不标出"A"）

键 GB/T 1096　B12×8×60　平头普通平键，b=12，h=8，L=60

键 GB/T 1096　C12×8×60　单圆头普通平键，b=12，h=8，L=60

轴 公称直径 d	键 宽度 b (h8)	键 高度 h (h11)	键 长度 L (h14)	倒角或倒圆 s	键槽 宽度 基本尺寸 b	松连接 轴 H9	松连接 毂 D10	正常连接 轴 N9	正常连接 毂 JS9	紧密连接 轴和毂 P9	深度 轴 t_1 基本尺寸	轴 t_1 极限偏差	毂 t_2 基本尺寸	毂 t_2 极限偏差	半径 r 最大	半径 r 最小
6～8	2	2	6～20	0.16～0.25	2	+0.025 / 0	+0.060 / +0.020	-0.004 / -0.029	±0.0125	-0.006 / -0.031	1.2	+0.1 / 0	1	+0.1 / 0	0.08	0.16
>8～10	3	3	6～36	0.16～0.25	3	+0.025 / 0	+0.060 / +0.020	-0.004 / -0.029	±0.0125	-0.006 / -0.031	1.8	+0.1 / 0	1.4	+0.1 / 0	0.08	0.16
>10～12	4	4	8～45	0.16～0.25	4	+0.030 / 0	+0.078 / +0.030	0 / -0.030	±0.015	-0.012 / -0.042	2.5	+0.1 / 0	1.8	+0.1 / 0	0.16	0.25
>12～17	5	5	10～56	0.25～0.40	5	+0.030 / 0	+0.078 / +0.030	0 / -0.030	±0.015	-0.012 / -0.042	3.0	+0.1 / 0	2.3	+0.1 / 0	0.16	0.25
>17～22	6	6	14～70	0.25～0.40	6	+0.030 / 0	+0.078 / +0.030	0 / -0.030	±0.015	-0.012 / -0.042	3.5	+0.1 / 0	2.8	+0.1 / 0	0.16	0.25
>22～30	8	7	18～90	0.25～0.40	8	+0.036 / 0	+0.098 / +0.040	0 / -0.036	±0.018	-0.015 / -0.051	4.0	+0.2 / 0	3.3	+0.2 / 0	0.16	0.25
>30～38	10	8	22～110	0.25～0.40	10	+0.036 / 0	+0.098 / +0.040	0 / -0.036	±0.018	-0.015 / -0.051	5.0	+0.2 / 0	3.3	+0.2 / 0	0.16	0.25
>38～44	12	8	28～140	0.40～0.60	12	+0.043 / 0	+0.120 / +0.050	0 / -0.043	±0.0215	-0.018 / -0.061	5.0	+0.2 / 0	3.3	+0.2 / 0	0.25	0.40
>44～50	14	9	36～160	0.40～0.60	14	+0.043 / 0	+0.120 / +0.050	0 / -0.043	±0.0215	-0.018 / -0.061	5.5	+0.2 / 0	3.8	+0.2 / 0	0.25	0.40
>50～58	16	10	45～180	0.40～0.60	16	+0.043 / 0	+0.120 / +0.050	0 / -0.043	±0.0215	-0.018 / -0.061	6.0	+0.2 / 0	4.3	+0.2 / 0	0.25	0.40
>58～65	18	11	50～200	0.40～0.60	18	+0.043 / 0	+0.120 / +0.050	0 / -0.043	±0.0215	-0.018 / -0.061	7.0	+0.2 / 0	4.4	+0.2 / 0	0.25	0.40
>65～75	20	12	56～220	0.60～0.80	20	+0.052 / 0	+0.149 / +0.065	0 / -0.052	±0.026	-0.022 / -0.074	7.5	+0.2 / 0	4.9	+0.2 / 0	0.40	0.60
>75～85	22	14	63～250	0.60～0.80	22	+0.052 / 0	+0.149 / +0.065	0 / -0.052	±0.026	-0.022 / -0.074	9.0	+0.2 / 0	5.4	+0.2 / 0	0.40	0.60
>85～95	25	14	70～280	0.60～0.80	25	+0.052 / 0	+0.149 / +0.065	0 / -0.052	±0.026	-0.022 / -0.074	9.0	+0.2 / 0	5.4	+0.2 / 0	0.40	0.60
>95～110	28	16	80～320	0.60～0.80	28	+0.052 / 0	+0.149 / +0.065	0 / -0.052	±0.026	-0.022 / -0.074	10.0	+0.2 / 0	6.4	+0.2 / 0	0.40	0.60

注：1. GB/T 1096—2003、GB/T 1095—2003 中无轴的公称直径一列，现列出仅供参考。

2. $d-t_1$ 和 $d+t_2$ 两组组合尺寸的极限偏差应按相应的 t_1 和 t_2 的极限偏差选取，但 $d-t_2$ 极限偏差应取负号 (-)。

3. L 系列 6～22（2递增）、25、28、32、36、40、45、50、56、63、70、80、90、100、110、125、140、160、180、200、220、250、280、320。

表 E-2　普通圆柱销规格（GB/T 119.1—2000、GB/T 119.2—2000）　　　mm

圆柱销　不淬硬钢和奥氏体不锈钢（GB/T 119.1—2000）
圆柱销　淬硬钢和马氏体不锈钢（GB/T 119.2—2000）

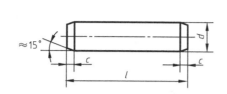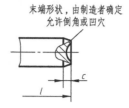

标记示例：

销 GB/T 119.1　6m6×30　公称直径 d=6，公差为 m6，公称长度 l=30，材料为钢，不经淬火、不经表面处理的圆柱销

销 GB/T 119.2　10m6×50　公称直径 d=10，公差为 m6，公称长度 l=50，材料为钢，普通淬火（A 型），表面氧化处理的圆柱销

$d_{公称}$～ m6/h8	2	3	4	5	6	8	10	12	16	20
c≈	0.35	0.5	0.63	0.8	1.2	1.6	2	2.5	3	3.5
l 范围	6～20	8～30	8～40	10～50	12～60	14～80	18～95	22～140	26～180	35～200
l 系列	6～32（2 递增）、35～100（5 递增）、120～200（按 20 递增）									

表 E-3　圆锥销规格（GB/T 117—2000）　　　mm

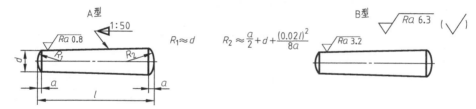

标记示例：

销 GB/T 117 10×60　公称直径 d=10，长度 l=60，材料为 35 钢，热处理硬度 28～38HRC，表面氧化处理的 A 型圆锥销

d h10	2	2.5	3	4	5	6	8	10	12	16	20	25
a≈	0.25	0.3	0.4	0.5	0.63	0.8	1.0	1.2	1.6	2.0	2.5	3.0
l 范围	10～35	10～35	12～45	14～55	18～60	22～90	22～120	26～160	32～180	4～200	45～200	50～200
l 系列	6～32（2 递增）、35～100（5 递增）、120～200（20 递增）											

附录 F 滚动轴承

表 F 滚动轴承规格

深沟球轴承
（GB/T 276—2013）

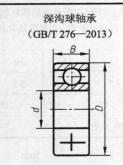

标记示例：
滚动轴承 6212　GB/T 276—2013

推力球轴承
（GB/T 301—2015）

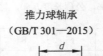
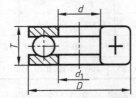

标记示例：
滚动轴承 51304　GB/T 301—2015

圆锥滚子轴承
（GB/T 297—2015）

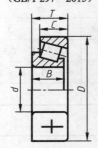

标记示例：
滚动轴承 30213　GB/T 297—2015

轴承型号	尺寸/mm			轴承型号	尺寸/mm				轴承型号	尺寸/mm				
	d	D	B		d	D	T	d_{1min}		d	D	B	C	T
6000	02 系列			51000	12 系列				3000	02 系列				
6202	15	35	11	51202	15	32	12	17	30203	17	40	12	11	13.25
6203	17	40	12	51203	17	35	12	19	30204	20	47	14	12	15.25
6204	20	47	14	51204	20	40	14	22	30205	25	52	15	13	16.25
6205	25	52	15	51205	25	47	15	27	30206	30	62	16	14	17.25
6206	30	62	16	51206	30	52	16	32	30207	35	72	17	15	18.25
6207	35	72	17	51207	35	62	18	37	30208	40	80	18	16	19.75
6208	40	80	18	51208	40	68	19	42	30209	45	85	19	16	20.75
6209	45	85	19	51209	45	73	20	47	30210	50	90	20	17	21.75
6210	50	90	20	51210	50	78	22	52	30211	55	100	21	18	22.75
6211	55	100	21	51211	55	90	25	57	30212	60	110	22	19	23.75
6212	60	110	22	51212	60	95	26	62	30213	65	120	23	20	24.75
6000	03 系列			51000	13 系列				3000	03 系列				
6302	15	42	13	51304	20	47	18	22	30302	15	42	13	11	14.25
6303	17	47	14	51305	25	52	18	27	30303	17	47	14	12	15.25
6304	20	52	15	51306	30	60	21	32	30304	20	52	15	13	16.25
6305	25	62	17	51307	35	68	24	37	30305	25	62	17	15	18.25
6306	30	72	19	51308	40	78	26	42	30306	30	72	19	16	20.75
6307	35	80	21	51309	45	85	28	47	70307	35	80	21	18	22.75
6308	40	90	23	51310	50	95	31	52	30308	40	90	23	20	25.25
6309	45	100	25	51311	55	105	35	57	30309	45	100	25	22	27.25
6310	50	110	27	51312	60	110	35	62	30310	50	110	27	23	29.25
6311	55	120	29	51313	65	115	36	67	30311	55	120	29	25	31.5
6312	60	130	31	51314	70	125	40	72	30312	60	130	31	26	33.5

练习题参考答案

第1章

【练习1-1】 图1-5答案

(a)六角头螺栓 　(b)双头螺柱 　(c)螺钉 　(d)内六角螺栓 　(e)螺母 　(f)方螺母 　(g)吊环螺母

(h)齿轮 　(i)皮带轮 　(j)手轮 　(k)弹簧 　(l)链轮 　(m)轴承

(n)联轴器 　(o)台钳(虎口钳) 　(p)角阀

第2章

（1）【练习2-1】 图2-18答案

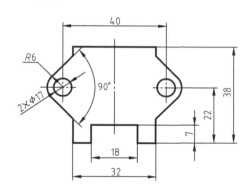

（2）【练习2-2】 图2-24答案

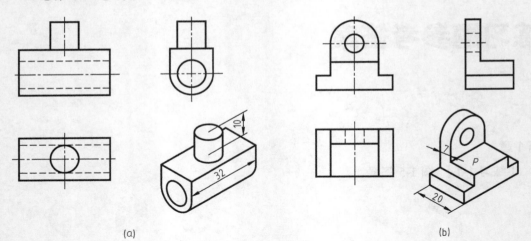

(a)   (b)

（3）【练习2-3】 图2-29答案

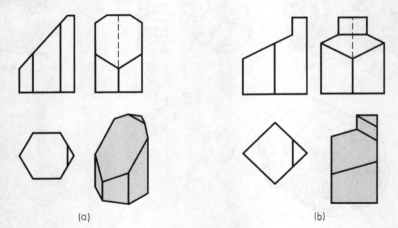

(a)   (b)

（4）【练习2-4】 图2-30答案

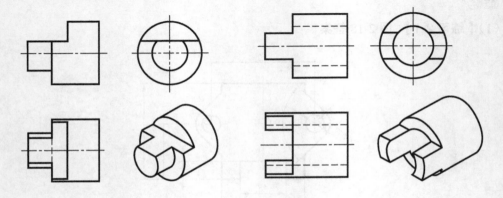

(a)   (b)

（5）【**练习 2-5**】　图 2-39 答案

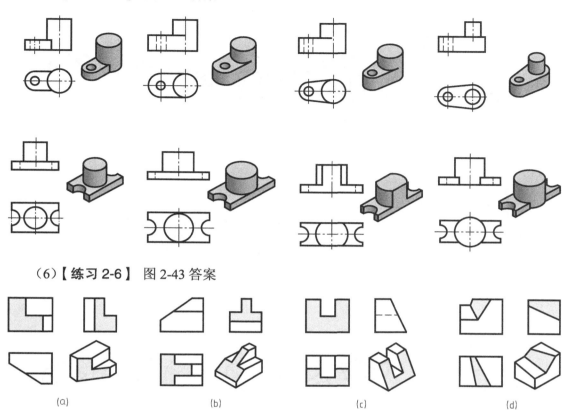

（6）【**练习 2-6**】　图 2-43 答案

（a）　　　　　　　　（b）　　　　　　　　（c）　　　　　　　　（d）

（7）【**练习 2-7**】　表 2-17 答案

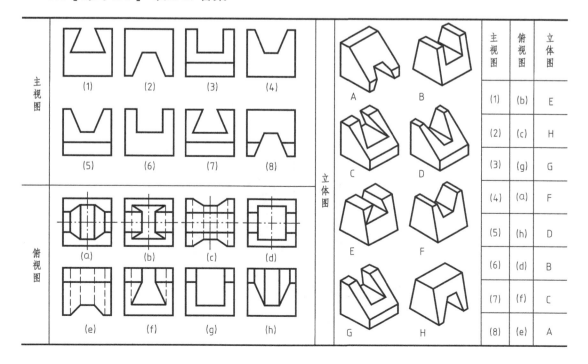

主视图	俯视图	立体图
(1)	(b)	E
(2)	(c)	H
(3)	(g)	G
(4)	(a)	F
(5)	(h)	D
(6)	(d)	B
(7)	(f)	C
(8)	(e)	A

（8）【练习2-8】 图2-59答案

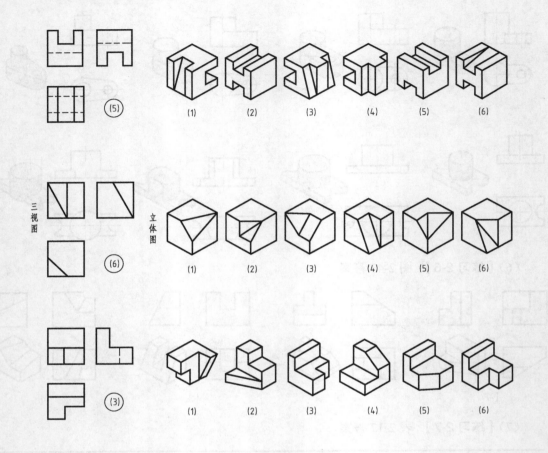

三视图   立体图

（9）【练习2-9】 图2-72答案

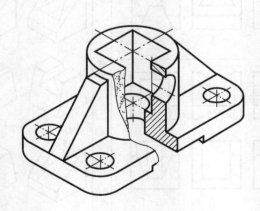

（10）【**练习2-10**】　图2-83答案

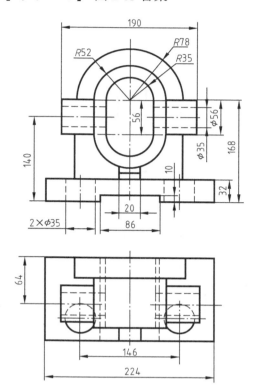

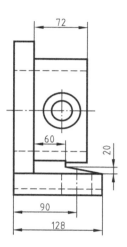

第3章

（1）【**练习3-1**】　图3-4答案

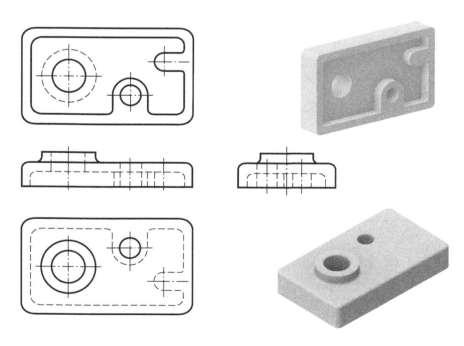

（2）【练习3-2】 图3-6答案

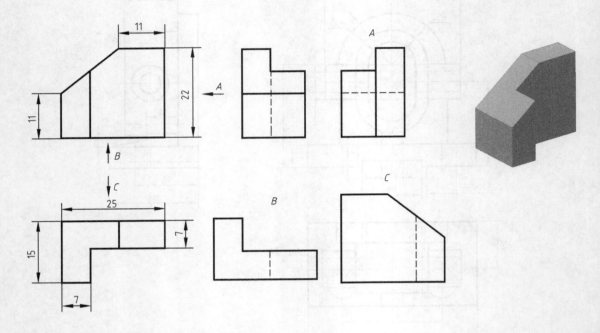

注意：C向视图应该按后视图绘制。

（3）【练习3-3】 图3-12答案

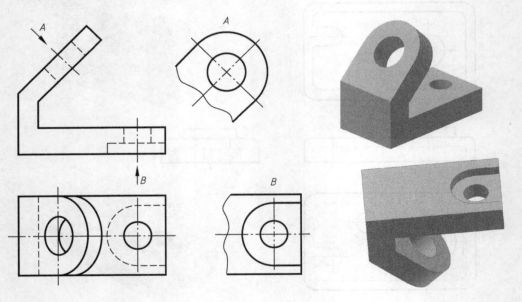

（4）【**练习 3-4**】　图 3-19 答案

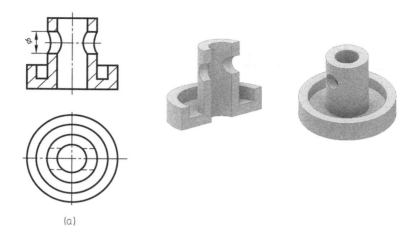

(a)

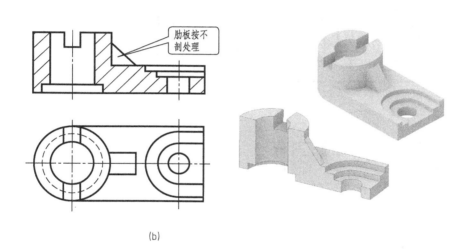

(b)

（5）【**练习 3-5**】　图 3-29 答案

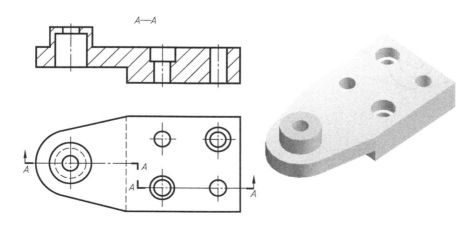

【练习3-5】 图3-30答案

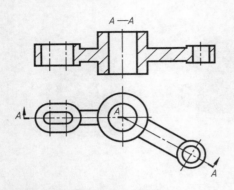
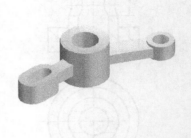

（6）【练习3-6】 图3-35答案

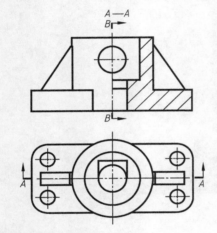
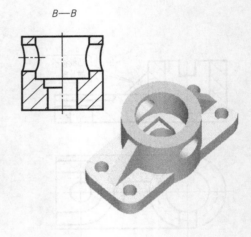

【练习3-6】 图3-36答案

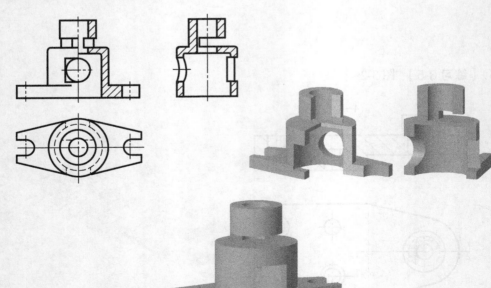

（7）【**练习 3-7**】 图 3-44 答案

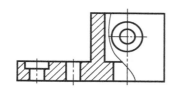

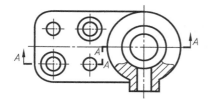

【**练习 3-7**】 图 3-45 答案

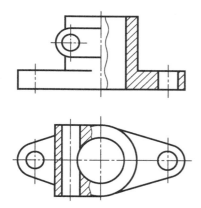

（8）【**练习 3-8**】 图 3-49 答案

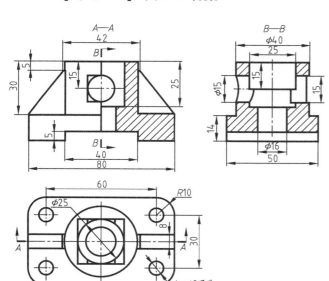
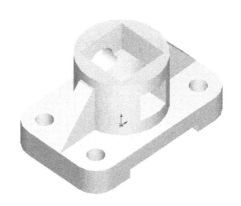

（9）【练习 3-9】 图 3-55 答案

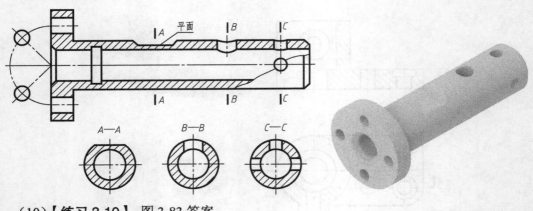

（10）【练习 3-10】 图 3-83 答案

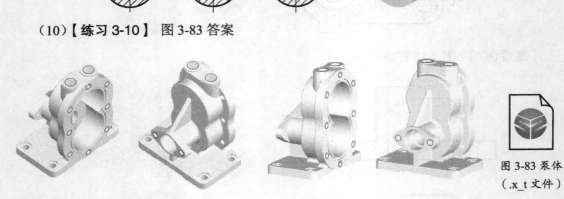

图 3-83 泵体
（.x_t 文件）

第 4 章

（1）【练习 4-1】 图 4-50 答案

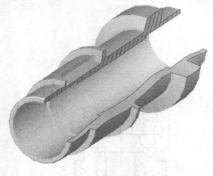

【练习 4-1】 图 4-51 答案

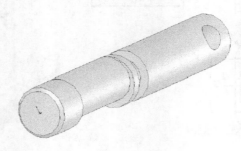

（2）【**练习 4-2**】 图 4-57 答案

图 4-57 振动带轮

（.x_t 文件）

【**练习 4-2**】 图 4-58 答案

图 4-58 手轮

（.x_t 文件）

（3）【**练习 4-3**】 图 4-63 答案

图 4-63 拨叉

（.x_t 文件）

【练习 4-3 】 图 4-64 答案

图 4-64 上机架

（.x_t 文件）

（4）【练习 4-4 】 图 4-79 答案

图 4-79 砂轮头支架

（.x_t 文件）

【练习 4-4 】 图 4-80 答案

图 4-80 旋塞阀阀体

（.x_t 文件）

（5）【练习 4-5 】 图 4-96 答案

图 4-96 蜗轮

（.x_t 文件）

【练习 4-5】 图 4-97 答案

图 4-97 蜗杆轴
（.x_t 文件）

（6）【练习 4-6】 图 4-106 答案

图 4-106 冲压皮带轮
（.x_t 文件）

（7）【练习 4-7】 图 4-109 答案

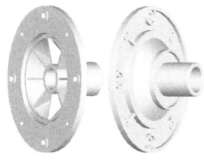

图 4-109 齿轮箱端盖
（.x_t 文件）

（8）【练习 4-8】 图 4-115 答案

图 4-115 带座链轮
（.x_t 文件）

第5章

【练习 5-1】 图 5-47 答案

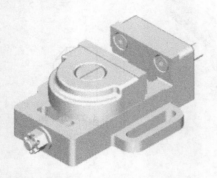

图 5-47 平口钳
（.x_t 文件）

【练习 5-1】 图 5-48 答案

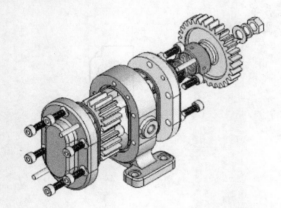

图 5-48 齿轮油泵
（.x_t 文件）

参 考 文 献

[1] 技术产品文件标准汇编. 机械制图卷. 第2版. 北京：中国标准出版社，2009.

[2] 唐克中，郑镁主编，画法几何及工程制图. 第5版. 北京：高等教育出版社，2017.

[3] 何铭新，钱克强，徐祖茂主编，机械制图. 第6版. 北京：高等教育出版社，2010.

[4] 大连理工大学工程画教研室编. 机械制图. 第5版. 北京：高等教育出版社，2003.

[5] 李月琴，何培英，段红杰主编. 机械零部件测绘. 北京：中国电力出版社，2007.

[6] 巩琦，赵建国，何文平，段红杰主编. 工程制图. 第2版. 北京：高等教育出版社，2012.

[7] 朱冬梅，胥北澜，何建英主编. 画法几何及机械制图. 第6版. 北京：高等教育出版社，2008.

[8] 车世明主编. 机械识图. 北京：清华大学出版社，2009.

[9] 蒲良贵，纪名刚主编. 机械设计. 第8版. 北京：高等教育出版社，2006.

[10] 樊宁，何培英主编. 典型机械零部件表达方法350例. 北京：化学工业出版社，2016.

[11] 大连理工大学工程画教研室编. 画法几何学. 第6版. 北京：高等教育出版社，2003.

[12] 刘申立主编. 机械工程设计图学. 第2版. 北京：机械工业出版社，2004.

[13] 何培英，贾雨，白代萍主编. 机械工程图学习题集. 武汉：华中科技大学出版社，2016.